对辊式机械
采摘红花机理与装置

● 葛 云 张立新 著

中国农业科学技术出版社

图书在版编目（CIP）数据

对辊式机械采摘红花机理与装置／葛云，张立新著．—北京：中国农业科学技术出版社，2017.11

ISBN 978-7-5116-3025-4

I.①对… II.①葛…②张… III.①红花-收获机具 IV.①S225.99

中国版本图书馆 CIP 数据核字（2017）第 067828 号

责任编辑　贺可香
责任校对　李向荣

出 版 者　中国农业科学技术出版社
　　　　　北京市中关村南大街 12 号　邮编：100081
电　　话　(010)82106638(编辑室)　　(010)82109702(发行部)
　　　　　(010)82109709(读者服务部)
传　　真　(010)82106650
网　　址　http://www.castp.cn
经 销 者　各地新华书店
印 刷 者　北京富泰印刷有限责任公司
开　　本　880mm×1 230mm　1/32
印　　张　4.75
字　　数　150 千字
版　　次　2017 年 11 月第 1 版　2017 年 11 月第 1 次印刷
定　　价　26.00 元

前　言

　　红花作为我国传统的中药材，花丝具有活血破瘀的功效，被广泛用于治疗冠心病、心绞痛和心肌梗塞。红花传统的手工采摘方式已不能顺应红花规模化生产的步伐。红花收获机是提高红花收获产量的主要手段，本书所提的便携式对辊红花采收机，对红花种植业机械化收获的发展具有举足轻重的作用。

　　根据国内外红花采摘方式的发展趋势，结合我国红花采摘技术和红花种植业要求，本书系统地论述了红花现有的采摘技术、收获期红花的力学特性、红花采摘系统、红花收获机的关键零部件、采摘装置胶辊装配、背负式红花收获机跌落仿真、背负式红花收获机优化及可靠性、对辊式红花采摘装置。全书内容翔实，融理论性、知识性和实用性与一体。该书理论扎实，内容新颖，设备操作简单，维修便捷，不仅可供红花种植户使用，还可作为农业院校师生及相关红花采摘研究单位人员参考书籍。

　　本书得到石河子大学"中西部高校综合实力提升工程"、国家自然基金——红花采摘力学特性及高速旋转吸附机械采收机理研究（51565050）资助。其中葛云撰写第 1~6 章，张立新撰写第 7 章。在本书编写过程中感谢付威、李霞、李华、曾海峰、韩丹丹、李远、谷家伟、钱营、方珏、梁丹丹、焦小盼、李凯、黄庆林、张翔、马保建、魏盼龙、肖靖毅、刘光欣、张天勇、陈元博的支持和帮助。

　　由于红花采摘技术所涉及的内容较为广泛、发展较快，加之编者的经验和水平，书中难免会存在一些错误与不足之处，敬请专家及读者批评指正。

著者

目　　录

1　绪论 ……………………………………………………（1）

　　1.1　研究背景 ………………………………………………（1）

　　1.2　国内外红花机械采收技术研究现状 …………………（2）

　　1.3　对辊式摩擦采摘技术的国内外研究现状 ……………（11）

　　1.4　对辊式红花采摘机械的应用前景 ……………………（14）

　　1.5　研究的主要内容 ………………………………………（15）

2　收获期红花物理力学特性研究 ………………………（17）

　　2.1　研究作业区域的基本地貌及自然概况 ………………（17）

　　2.2　红花物理特性参数确定 ………………………………（19）

　　2.3　红花力学特性参数的测试 ……………………………（28）

3　红花机械采摘系统的设计 ……………………………（34）

　　3.1　红花采摘系统的功能分析 ……………………………（34）

　　3.2　机械采摘方案确定 ……………………………………（35）

　　3.3　总体结构设计及工作原理 ……………………………（39）

　　3.4　辊式红花采收机关键零部件设计 ……………………（41）

4　采摘装置胶辊轴的装配过盈量分析 …………………（49）

　　4.1　采摘过程力学分析 ……………………………………（49）

　　4.2　胶辊仿真力学模型建立 ………………………………（53）

　　4.3　有限元分析前处理 ……………………………………（55）

　　4.4　仿真结果分析 …………………………………………（59）

5　背负式红花收获机跌落仿真分析 ……………………（64）

　　5.1　显式动力分析理论基础 ………………………………（65）

5.2 背负式红花收获机有限元模型的建立 ………… （67）

5.3 跌落参数设置 ………… （71）

5.4 手持系统不同姿态下跌落仿真分析 ………… （72）

5.5 背负系统不同姿态下跌落仿真分析 ………… （86）

6 背负式红花收获机优化及可靠性分析 ………… （93）

6.1 手持系统优化及可靠性分析 ………… （93）

6.2 背负系统优化及可靠性分析 ………… （111）

7 对辊式红花采摘装置的试验研究 ………… （115）

7.1 材料与方法 ………… （115）

7.2 多因子采摘试验 ………… （119）

7.3 参数优化 ………… （127）

7.4 对辊式红花收获装置田间试验 ………… （129）

参考文献 ………… （135）

1 绪论

1.1 研究背景

世界油用红花主要分布在北美的墨西哥和美国、亚洲的印度、北非的埃塞俄比亚、欧洲的西班牙和大洋洲的澳大利亚。20多年来，世界各地的年栽培面积为 10.61 亿 ~ 15.28 亿 m^2，产量为 70.2 万 ~ 101.7 万 t，1973 年红花被作为油料作物正式列入《联合国粮农组织（FAO）生产年鉴》的统计项目之内。在中国，红花早期主要被用于染料和药材，20 世纪 70 年代后期开始作为油料作物。中国红花资源丰富，品种繁多，栽培地域广阔，分布甚广。主要划分为 4 个分布区：新甘宁区、川滇区、冀鲁豫区、江浙闽区。

红花（图 1 - 1）作为我国传统的中药材，花丝具有活血破瘀的功效，被广泛用于治疗冠心病、心绞痛和心肌梗塞；从红花籽中提取出的红花油被誉为世界上三大保健功能营养油之一，亚油酸、维生素含量较高；红花色素色泽艳丽，是各类食品和化妆品等的理想着色剂；秸秆也是一种营养丰富的饲料，红花是一种集药用、油料、色素、饲料为一体的经济价值很高的作物。新疆地域辽阔，光、热资源丰富，是中国发展红花生产的理想地区。随着人们保健意识的提高，新疆红花的种植面积也迅猛增加为 4 000万 m^2，将为开发利用新疆贫瘠、盐碱和缺水的可耕地创造可观的经济效益和深远的社会效益。

红花为一年生草本植物，收获分为两个阶段——收花和收籽。收花，以花冠裂片开放，雄蕊开始枯黄，花色鲜红时采收为宜。采摘时刻要求严格，若采收过早，花朵尚未授粉，颜色发黄；过晚则变为紫黑色，二者均影响品质和经济效益；收籽，一般采用机械收获。由于花－果不同期收获的特点，对收获机械提出了比较高的要求。采花时，不能伤及果球以及茎秆枝条。开花后 2～4 天采收的红花原料营养成分最高，为保证红花产品的质量，花开后应及时采收，但此阶段红花一直延伸至果球内部，红花团簇在果球顶端形成明显紧致的缩颈（图 1－1），红花与果球连接力大。目前，红花完全依靠手工采摘（图 1－2a），采摘费时费力，长期采收，人手磨伤溃烂（图 1－2b）。且新疆红花的盛花期正值农忙时节，劳动力紧缺，致使采摘成本不断上涨。而近期随着红花色素工艺的突破，国际市场对红花原料的需求以每年 12% 的速度增长，现有红花采收方式已不能顺应红花规模化生产的步伐。红花采收俨然成为制约红花产业发展的瓶颈，亟需实现红花的机械化采收。

1.2　国内外红花机械采收技术研究现状

1.2.1　国外红花收获机械研究现状

红花在国外主要用作油料作物，随着人们对红花药用价值的认识，2004 年印度的 Nimbkar 农业研究所对两种红花收获机进行了试验。一种是肩负式红花收获机，如图 1－3a 所示，考虑到蓄电池的工作时间比较有限，他们提出了用小车推着太阳能板为电池蓄电的手推式红花收获机（图 1－3b），工作原理两种机型相同，主要是针对采红花籽之前已经干硬的红花，利用负压吸送原理，完成红花的采摘和输送。机型简单、操作方便，但该机型只适合于采摘干红花，据报道，干红花的药用价值较低。

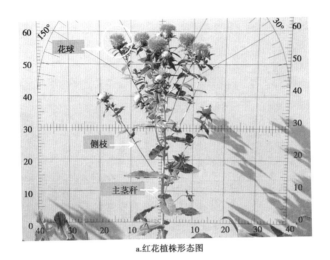

a.红花植株形态图

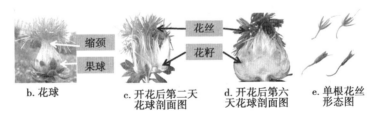

b. 花球

c. 开花后第二天
花球剖面图

d. 开花后第六
天花球剖面图

e. 单根花丝
形态图

图 1 - 1 红花结构示意

Figure 1 - 1 Parameters of safflower

2012 年，伊朗德兰黑大学的 Siavash Azimi 设计了一种红花收获机，该机械包括发动机、含有智能刀片的径向风扇、输送管道、将红花从空气流和储花室分离出来的扩散器及储花室五部分组成，结果表明该红花收获机的采收量与手工相比增加了 65%，如图 1 - 3c 所示，但工作时对红花顶部吸附力小，采收效果仍然不理想。

2012 年，意大利拉奎拉大学的 M. G. Antonelli 等人研发了一

a. 人手采摘红花   b. 人工采摘红花后人手的磨损情况

图 1 - 2   人工采摘红花场景

Figure 1 - 2   Safflower scence of manual picking

a. 肩负式红花收获机   b. 手推式红花收获机   c. 红花收获机

图 1 - 3   国外红花收获机械

Figure 1 - 3   Foreign harvester machinery of safflower petals

种采收藏红花的农业机器人（图 1 - 4），该机器由一个夹持器、视觉系统、气动系统和负压抽吸系统组成。该机器通过视觉系统检测到化的位置，将花夹持住，由伺服电机控制夹持和收获装置的位置，切割后由负压收集花。

2014 年，意大利的卡利亚里大学机械工程学院 A. Manuello Bertetoo 等人研究出一种机械手指抓取红花的藏红花机械手，研究中主要针对机械手指自动捕捉红花并分离花叶进行了试验研究

（图1－5），气缸通过横向活塞运动带动，由交叉连杆带动滑竿，

图1－4　农用机器人
Figure 1 – 4. The Agri-robot Zaffy

衬套上凸轮结构将横向移动转化为转动，抓取手指通过转动夹取红花的实验表明通过高速摄像并进行图像处理可以使机械手指快速有效地抓取红花，并通过真空装置完成采收。2013年，Filippo Gambella提出了藏红花采摘机器人的设计和研究。这些研究虽然可为红花的自动化收获提供研究方向和理论方法，但是藏红花与（草）红花分属于不同的科属，它们的采摘要求不一样，采摘藏红花的机械手不能直接应用于采摘（草）红花。

1.2.2　国内红花收获机械研究现状

红花在我国一直主要作为药用作物，需求量每年都比较稳定，以手工采收基本能满足供应，但随着红花经济价值的拓展，后续深加工工艺的突破，红花需求量越来越大了，但红花的采收却仍然停留在人工采收阶段。国内许多科研院所已经陆续展开了相关机械采收的研究。

1994年，山西农业大学的叶全民、左月明提出了一种利用

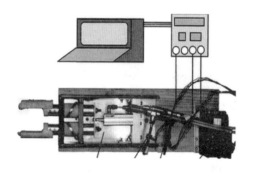

图 1 – 5　A. Manuello Bertetoo 型红花采摘手指

Figure 1 – 5　A. Manuello Bertetoo safflower picking finger

气吸 – 切割原理采收的适合采收红花的收获机（图 1 – 6a），利用刀片切割，负压输送的方式完成采收，虽具有较好的适应能力，但工作效率较低，花丝掉落率和破碎率较高。

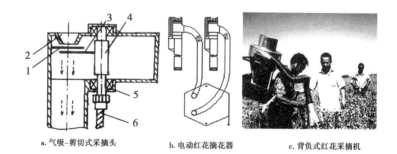

a. 气吸–剪切式采摘头　　　b. 电动红花摘花器　　　c. 背负式红花采摘机

图 1 – 6　红花现有采收机械

Figure 1 – 6　Harvester machinery of safflower filaments

1. 定刀片；2. 采集头；3. 动刀片；4. 小轴；5. 轴承；6. 软轴

　　2005 年，新疆塔城市也门勒乡阔村的周瑛、沈凤芳提出一种利用往复式切割完成红花收获的电动红花摘花器（图 1 – 6b），仍然存在工作效率较低，花丝掉落率和破碎率较高的现象。

2011年，新疆裕民县农机推广站的技术人员提出了一种肩负式红花收获机（图1-6c），该机利用气吸原理完成红花的分离、收集，但该机型只适用于已干枯的红花。

2012年，本文作者等人提出的气吸-切割式红花采收器（图1-7），利用负压对红花梳理整形，刀片在显露出来的缩颈处切割，再利用负压将分离后的红花吸入到储花室。

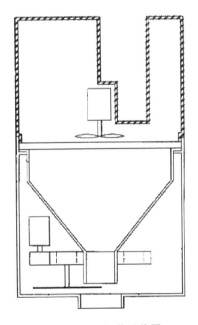

图1-7 红花采收器

Figure 1-7 Harvester of safflower

2012年，石河子大学李树峰、李景彬等人提出的便携式红花采收机（图1-8）采用设在吸花管头部的剪刀装置将红花剪落后利用负压风机产生的吸力将其收集。

2012 年，李景彬、坎杂等人提出的一种便携式单人红花采收机（图 1 - 9），利用切割采收机构将鲜红花切割，并利用负压输送所得红花。

以上几种红花采收装置均是以人手持的方式，对准单头花球，进行机械收获，适应性好，降低了劳动强度，但是依然没有很好地解决花丝和果球破碎率高的问题。

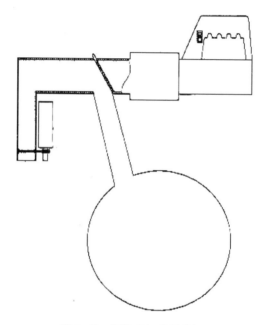

图 1 - 8　便携式红花采收机
Figure 1 - 8　Portable safflower picking machine

2012 年，本文作者等人提出的红花采收机（图 1 - 10），利用气吹和气吸结合的方式，先利用气力将红花吹落，再利用气吸的方式将吹落的红花收集。

2012 年，李景彬、坎杂等人提出的一种多人红花采收机

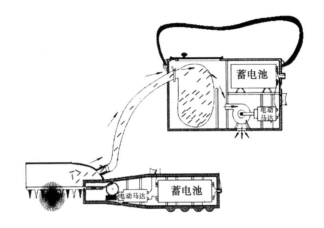

图 1 - 9   便携式单人红花采收机

Figure 1 - 9   Portable safflower picking machine of signal people

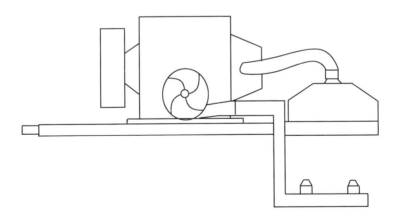

图 1 - 10   气吹、吸结合红花采收机

Figure 1 - 10   Safflower harvesting machine working with combined
air absorbing and blowing

（图1-11），利用蓄电池提供动力，并行配置多个切割采收机构，分别由多人每人手持一个切割采收机构将鲜红花自红花缩颈处切割下来，再利用负压输送并收集所得红花。

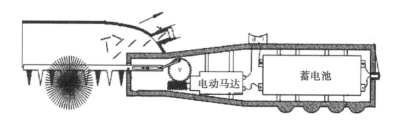

图1-11　多人红花采收机

Figure 1-11　Safflower harvester of multi person

2012年，甘肃省酒泉市王建生提出一种药红花采摘器（图1-12），工作时，调整升降腿的高度，从而适应花球距离地面的高度，将红花套入割床圆孔内，推动带刀片的活动屉，将红花切割收集在屉箱中。

图1-12　药红花采摘器

Figure 1-12　Picking device of medicine safflower

以上几种红花采摘机均可实现批量采摘，相对于单朵机械采摘效率高。但截止目前，上述机械仍处在试验阶段，尚未得到装置的推广应用，目前红花的收获，仍主要以人工徒手采收为主。

2013 年，新疆裕民县李建富和石河子大学红花研究团队合作提出了一种利用橡胶皮辊进行采摘的技术之后，涌现出了大量关于对辊式采摘的研究及机型。如河北省巨鹿县的郭青辉、湖南张红坚、江西谢德尧、山东张永清等利用对辊摩擦采摘金银花。本文作者所在红花收获研究团队也提出了自走式胶辊摩擦多头采摘红花收获机、移动式胶辊摩擦双采红花收获机、便携式内燃机胶辊摩擦采摘及轴流风送红花收获机等多种胶辊摩擦采摘的技术方案。

由于橡胶辊的摩擦力较大且具有弹性，在实现红花有效摘离的同时也能有效降低花丝和果球的破损率，且操作时由于不需要实现精准定位，大大节省了采收器的对准定位时间，提高了采摘效率。以上分析说明利用橡胶对辊采摘花瓣这种小而轻的物料是一种切实可行的采摘技术。但目前关于对辊式红花采摘主要集中在专利技术、试验装置阶段，尚没有可以运用的红花机械采收样机，目前，红花仍然主要依靠人手工采摘。

1.3   对辊式摩擦采摘技术的国内外研究现状

对辊式摩擦原理目前主要被应用在砻谷装置、脱壳装置、摘穗装置、剥叶装置、造粒成型装置、颗粒粉碎装置、纺纱机械以及金属轧制装置中。

1986 年，杨天生从力学和运动学角度，探讨了谷物在胶辊间的受力和运动情况，揭示胶辊砻谷机的工作原理。

1995 年，郑晓通过接触应力和接触变形理论分析对胶辊与谷物接触时的摩擦与磨损、确定了轧距，为胶辊表面材料设计校核以及疲劳强度分析提供依据，同时为采摘装置中胶辊间隙，胶辊材料等参数的设计提出参考点。

2001 年，顾尧臣对辊式磨粉机和胶辊砻谷机差速传动的工作原理进行了研究。

2006 年，贺俊林等进行了辊型和作业速度对玉米收获机摘穗性能影响的试验研究。吉林大学梁晓军进行了纵卧辊式玉米收获机收获损失试验研究。

2007 年，刘义等人对高压磨辊机磨辊在进行工作时应力分布进行了有限元仿真。佟金等分析了辊式摘穗机构在摘穗中对玉米穗啃伤的影响因素，确定了在辊型一定的条件下，摘穗辊转速是主要因素。

2008 年，张永林设计了一种基于辊刀切割原理的莲子剥壳机。采用由双托辊和剥壳辊构成的剥壳通道实现莲子剥壳，为适应不同品种、不同粒度壳莲的剥壳，在剥壳机设计中采用了集总式调节机构以实现对主要切割参数即切割压力、切割深度、螺旋辊刀空间斜置和偏置角度的调节。朱立学等进行了轧辊－轧板式银杏脱壳机的优化设计与试验。

2010 年，东北农业大学王德福为解决小型钢辊式圆捆捡拾打捆机秸草打捆时的堵塞问题，采用了增加喂入单辊、喂入对辊结构，较好地解决秸草打捆中的堵塞问题。

2011 年，吉林大学王优、刘宪军分析了玉米摘穗装置摘穗辊的转速、直径、表面形态、长度及倾角对摘穗效果的影响，并设计了一种新型玉米摘穗装置。

2012 年，曹玉华等人以提高其剥壳率和降低破损率为目标，研制了蓖麻蒴果剥壳装置，利用 MATLAB 进行运算，得出了挤压力与轧角、辊筒变形量、两辊筒间隙、蓖麻蒴果直径和辊筒直径的关系。王冰，王兆伍在准静态、无摩擦的条件下，对复印机中纸张在弹性胶辊夹持下的接触问题进行了分析，为提高复印机胶辊的可靠性提供了参考。

2013 年，李永磊等研制了双辊秸秆还田旋耕机并进行了玉米秸秆还田性能试验，证明双辊作业模式具有良好的植被性能和相对较低功耗，其应用于双辊秸秆还田旋耕机是可行的。张凯鑫等进行了单轨道橡胶辊驱动装置驱动性能的试验研究，得出了压缩量、摩擦力与正压力的关系曲线。并进一步分析了橡胶辊变形对摩擦力的影响。

2015 年，吉林大学工程仿生教育部重点实验室贾洪雷通过改变摘穗辊间距以适应不同直径的玉米秸秆，有效解决了玉米收获机工作时堵塞的问题，通过 ADAMS 仿真试验，确定了内外摘穗辊的最佳转速。

2014 年，中国林业科学研究院陈龙对印楝果实脱皮技术装备的重要部件脱皮辊进行了详细的受力情况分析，优化设计相关机构参数，并对理论结果进行了仿真验证。

2015 年，吉林大学王晓霖采用动态显式方法对差速成形辊卷制锥筒件的过程进行数值模拟，详细研究工作辊辊速比与上辊下压量对锥筒成形件的影响，为差速辊卷板设备的设计开发与成形工艺的优化提供指导。

由上述文献分析可知，辊式机械被广泛实际应用于多个领域，是学术领域的研究热点问题，但现有辊式机械的工作原理和工作要求却与对辊式红花采摘不同，对辊式红花收获机的技术要求如下：工作时，为了满足花-果不同期收获的要求，摩擦采摘时只能花丝进入对辊间隙，果球不能随花丝一起进入对辊间隙，从而在果球和对辊之间辅助增加了一个对红花的拉拔力，提高工作效率。而现有辊式机械不论是剥皮机、垄谷机、粉碎机、打印机均要求物料整体穿过对辊间隙，只是在穿过对辊间隙的过程中形态发生了变化，从而实现机械的不同工作要求。如果果球像其他辊式摩擦装置要求随着花丝一起进入对辊间隙，则会发生严重的机械故障。因此，现有对辊式机械并不能直接应用于红花采收。

1.4 对辊式红花采摘机械的应用前景

针对红花机械采收问题，自 1994 年以来有关科研院所和企业单位不断推出各种类型的红花采收机，从核心部件的工作原理上看，现有红花采收机主要采用负压气吸、切割式或气吸－切割组合的方式使花丝与果球分离，由于缺乏对红花机械采收的相关基础研究，对于红花的机械采摘机理还未探明，从而导致现有的红花采收机存在掉落量大、采净率低、损伤破碎量大、效率低等问题，对辊式红花收获方法是利用对辊高速旋转时将部分花丝吸附在辊面，进而整簇随对辊旋转被带入采摘工作区的方法，相对原有采收机械为了保护果球，必须对准花球精确定位的方式，此方法明显有助于提高机械采收工作效率。

从原理上，对于小而轻的红花容易实现气力式机械化采收。据项目组观察、实验，红花在不同成熟期其采收姿态不同，力学特性也不同。开放 1～3 天的红花呈冠状，含水率较高，其红黄色的花丝一直延伸与红花籽紧密联接，抗拉强度较大。3 天后采摘的红花会随着时间的推移，萎蔫，其与果球的联接分离力大大降低，但在外界气流作用下易飘散、掉落，损失率较大。如何根据不同成熟期红花的力学特性，建立红花采摘的动力学模型，揭示不同成熟度红花采摘机理，设计采收装置结构参数，是开发红花机械化采收的关键问题。本论文针对新疆红花种植业规模化、产业化发展需求，红花采收机理为研究对象，对红花机械采收装置进行试验统计分析，揭示红花采摘过程中影响采摘质量的因素，最终为实现红花机械化采收，降低采收成本，提高效率提供理论依据。从而提高红花生产的综合效益，对促进特色农业产业发展和农民增收，具有十分重要的意义和良好的应用前景。

由于不同成熟度红花具有复杂的物理状态及其物理性质变

化，其采收力学特性存在明显差异，且红花团簇中各个红花单元的物理形态也存在着不同。研究红花机械采收的过程就是动力学问题的解析，应建立较为准确的红花本构模型，采用合适的动力学计算模拟分析方法揭示非线性动力过程中的应力—应变关系，提取出影响因素和响应指标之间的数学耦合模型，指导相关机具的研究开发。本论文拟进一步研究红花团簇和辊面之间的相互作用关系，探清高效率、高质量机械采收红花机理。明确机械采收过程中红花破碎、掉落损失、果球损失的原因，为红花及其他顶生小果实的采收机具研发提供理论基础，也可为其他花、果不同期作物机械化采收提供一种新的采收方式。

1.5 研究的主要内容

（1）红花物理特征的研究：红花花丝的重量、红花花丝长度、花丝（簇）厚度、果球尺寸、红花植株高度，为后期的采摘机理分析和仿真研究提供参数依据。

花丝的力学特性研究：花丝与果球之间的拉拔力、果球与枝条之间的拉拔力，为后期的采摘机理和整机设计提供参考。

（2）对辊式红花采收机设计：通过采摘过程原理的分析，对整机的关键部件采摘头机构、防过载离合装置进行设计，对风机的布置位置设计与选型。确定整机的整体结构布置，对关键部件进行设计和分析，建立三维模型。

（3）采摘装置胶辊的装配过盈量分析：对胶辊采摘机理进行分析，建立数学模型，运用 ABAQUS 软件对采摘过程中胶辊过盈过程进行仿真，验证仿真结果的正确性，根据仿真结果所提供的最小过盈量和最大过盈量为胶辊的装配过盈量提供理论依据，为样机的采摘质量提供保证。

（4）背负式红花收获机有限元模型建立及跌落仿真分析。

通过建立背负式红花收获机的有限元模型，分别对手持系统、背负系统进行不同姿态下的跌落仿真，确定手持系统、背负系统在跌落过程中的薄弱部位，从而为整机抗跌落、提高可靠性的优化设计提供了参考依据。

（5）为提高背负式红花收获机的可靠性、使其具有较好的抗跌落能力、延长使用寿命，针对在跌落仿真中发现的薄弱部位主要进行结构方面的优化。通过改变结构减小跌落过程中部件受冲击的应力应变或通过改变材料增大部件的屈服应力或断裂应变。

（6）对辊式采摘机械影响采摘质量因素的试验研究：综合采收效率高、果球损伤少、红花破碎率低和掉落损失小等目标因素，研究对辊直径、间隙、运动形式（等速、差速）、转速大小、摩擦系数等因素对红花采摘的影响规律，并进行正交旋转组合试验，优化其结构参数、材料特性参数及工作参数，最终采用试验设计的方法确定目标因素与主要影响因素的关系模型。在田间分别进行采净率、破碎率、掉落率和含杂率试验，并分析影响采摘质量的主要因素。

2 收获期红花物理力学特性研究

红花的头状花序又称花球，它是由总苞苞片所包围的管状花组成的，总苞苞片外面的 2～3 列呈叶状，自圆形、椭圆形至披针形（图 2 – 1a、图 2 – 1b），每个头状花序由许多管状小花（俗称花丝）（图 2 – 1c）组成。头状花序的大小依基因型、种植环境、在植株上的位置不同而有很大的差异，花球直径的范围大小不一，而其红花花冠直径及果球直径等物理特性参数决定了采摘机构的设计尺寸。因此，本部分将对收获期红花的物理特性参数进行测试分析。

如图 2 – 1d、图 2 – 1e 所示，随着红花的开放，花丝慢慢萎蔫，种子慢慢长大成熟，花丝与果球的连接力也不断变化，红花的采摘力学特性也随之变化。其是收获期红花收获机设计的关键因素，因此，本文通过试验研究红花的物理参数和力学特性参数分布规律，为红花采摘机构的设计提供理论依据。

2.1 研究作业区域的基本地貌及自然概况

目前，红花分为油花兼用型品种以及油用型品种两种。我国的红花多为兼用型品种，种植地貌主要包括丘陵山地种植和田地种植，种植地貌如图 2 – 2 所示。种植模式分为水浇地和旱作种植模式两种，一般油花兼用型品种收获株数 22.5～30 株/m²。其中，按常规旱作栽培的红花株有效果球数 1～5 个，果球数量少，植株矮，红花产量低。采用滴灌种植的模式，株有效果球数 12～50 个，产出高，水浇地一般采用的是 300mm 等行距

a. 未开花前的花球   b. 花球   c. 管状花

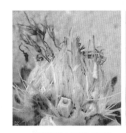

d. 花开后3天的花球   e. 花开后8天的花球   f. 红花籽

图 2-1　红花花球组成形态

Figure 2-1　Safflower composition

田地种植   丘陵山地种植

图 2-2　红花种植地貌

Figure 2-2　Planting topograpgy of safflowers

条播，也可采用（300 + 600）mm 的宽窄行条播。种植模式如图 2 - 3 所示。

水浇地种植模式   旱作种植模式

图 2 - 3 红花种植模式

Figure 2 - 3 Planting model of safflowers

2.2 红花物理特性参数确定

2.2.1 试验材料和设备

试验材料：试验样本选择新疆广泛种植的水浇地红花品种"云红二号"作为试验样本，该品种属油花兼用型红花，试验时间为 2014 年 7 月 2 日至 8 月 3 日，试验地点在石河子大学兵团重点实验室。行距 300mm，基本苗 25 株/m²。红花植株平均高度 820 ~ 980mm，最低分枝高度 320 ~ 420mm，从主茎秆有效一次分枝 6 ~ 11 个，从一次分枝再次分枝 6 ~ 10 个，全植株花球数 15 ~ 32 个。

试验仪器与设备如表 2 - 1 所示。

表 2 – 1　主要仪器与设备
Table 2 – 1　Apparatus and equipments

仪器名称	仪器来源	精度	型号
数码相机	三星集团	720 万像素	SAMSUNGNV3
精密电子天平	常州市幸运电子设备有限公司	±0.01 g	XY 系列
电热恒温鼓风干燥箱	上海精宏实验设备有限公司	0.1℃	DHG – 9240A 型
电子数显游标卡尺	上海量具刃具厂有限公司	±0.02mm	0 ~ 150mm
量筒	上海帅登仪器有限公司	±0.1 ml	10 ml

2.2.2　花球主要物理尺寸的确定

　　开花后红花每天花朵形态差别很大,第 1 天、第 2 天的花丝为鲜花丝,第 3、第 4、第 5 天的花丝为半干花丝,第 6、第 7 天花丝为干花丝,含水率极低 (图 2 – 4)。

第一天花　　第二天花　　第三天花　　第四天花　　第五天花　　第六天花

图 2 – 4　不同开花天数的花朵形态
Figure 2 – 4　The forms of safflower in different days

　　本试验选用花球均为开放后 1 ~ 3 天,红花尚未萎蔫下垂粘附在果球上的样本,抽测五个区,每一测区在同一垄上连续取 10 株,进行红花花球外形尺寸 (图 2 – 5) 测量,其中花冠直径 d_{hg}、花冠与果球之间的缩颈直径 h_0、果球直径 d_{gq}、花丝长度 L_2 以及缩颈到果球最大直径处垂直高度 L_1 直接决定花丝采摘装置结构参数大小,经测试统计分析,其物理特性如表 2 – 2 所示。

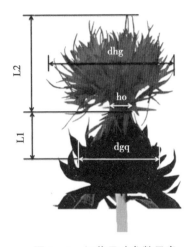

图 2 - 5　红花尺寸参数示意

Figure 2 - 5　Parameters of safflower

图 2 - 6　红花尺寸参数测试过程

Figure 2 - 6　Parameters of safflower

表 2 - 2　红花收获期相关尺寸参数测定结果

Table 2 - 2　Dimension parameters of safflowers during harvesting period

测量参数名称	均值	标准差	变异系数
花冠直径 d_{hg}（mm）	38.88	4.20	0.108
果球直径 d_{gq}（mm）	28.01	2.32	0.080
缩颈处直径 h_0（mm）	7.94	0.78	0.098
L_1（mm）	20.89	2.77	0.130
L_2（mm）	13.31	1.65	0.120

根据表 2 - 2 和图 2 - 7 可知，云红二号红花的花冠直径分布在 38.88mm 附近，其中最大值为 45.12mm，最小值为 29.78mm。

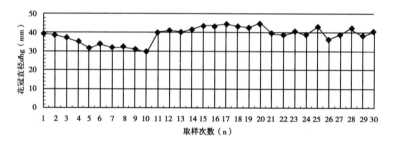

图 2 - 7　花冠直径分布

Figure 2 - 7　Distribution map of corolla diameter

根据表 2 - 2 和图 2 - 8 可知，云红二号红花的果球直径分布在 28.01mm 附近，其中最大值为 33.66mm，最小值为 24.27mm。

根据表 2 - 2 和图 2 - 9 可知，云红二号红花的缩颈处直径分布在 7.94mm 附近，其中最大值为 10.30mm，最小值为 6.53mm。

根据表 2 - 2 和图 2 - 10 可知，云红二号红花缩颈到果球最大直径处高度分布在 20.89mm 附近，其中最大值为 25.53mm，最小值为 15.15mm。

　　根据表 2-2 和图 2-11 可知，云红二号红花花丝的高度分布在 13.31mm 附近，其中最大值为 18.36mm，最小值为 10.27mm。

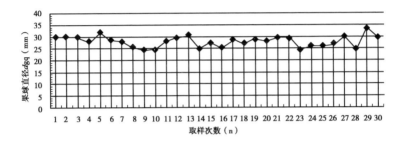

图 2-8　果球直径分布

Figure 2-8　Distribution map of fruit ball diameter

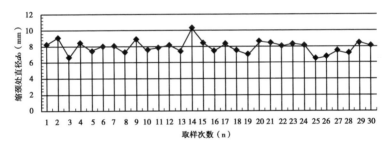

图 2-9　缩颈处直径分布

Figure 2-9　Distribution map of necking diameter

2.2.3　红花丝投影面积的测量

　　测量时，样本的选取首先依据果球直径大小，以 3mm 为直径差，从大到小将果球分为 A、B、C、D、E 5 个组。每组任意选取 20 朵红花分别挂牌标记，连续 5 天采摘不同成熟度的红花，并标号区别，采摘时沿着缩颈处将花丝横向剪断，将花丝放置在白色背景板上，并进行长度标识，用三角架固定数码相机（相机的有效像素：720万），拍摄花丝及长度标识线段，将照片导入图像处理软件 Photoshop CS5，清洁处理花丝与花瓣以外的区域，利用图像测量分析软件 Digimizer 4.2.4 进行投影面积和长度的计算。照片拍摄时应保证在等高等焦距的状态下完成。

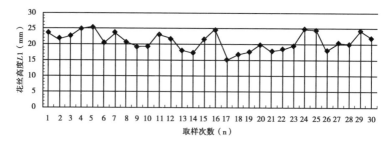

图 2－10　花丝高度参数 L_1 分布

Figure 2－10　Distribution map of parameter L_1

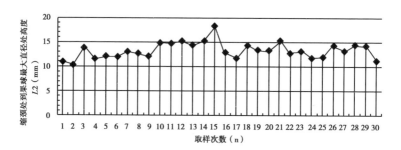

图 2－11　缩颈处到果球最大直径处高度参数 L_2 分布

Figure 2－11　Distribution map of parameter L_2

利用电子图像测量分析软件 Digimizer4.2.4，通过长度标定线段像素，测得花丝垂直于纸面方向上的投影面积数值，其值即为红花丝的最大投影面积，经测量和数理统计分析，红花丝的最大迎风面积为 $11 \sim 40 mm^2$，具体数据如图 2 – 12 所示。

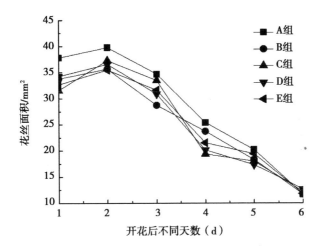

图 2 – 12　花丝最大迎风面积随不同成熟度变化曲线

Figure 2 – 12　The curve of petals' surface areas in different days

2.2.4　不同成熟度红花密度的研究

密度分为实体密度和容积密度，是红花的基本物理性质指标之一，这里只进行实体密度的测试，其计算公式如式（2 – 1）所示：

$$\rho = \frac{m}{V} \qquad (2 - 1)$$

式中：ρ——红花密度，kg/m^3；

　　　m——红花质量，kg；

　　　V——红花体积，m^3。

（1）测试方法

农业物料密度的测定方法主要有气体置换法（包括定容积压缩法、定容积膨胀法、压力比较法、不定容积法）和叶浸法

（包括天平法、比重瓶法、悬浮法）等使用 GB/T5518—85《中华人民共和国国家标准粮食、油料检验 粮食比重测定法》进行测定。在 25ml 量筒中，先注入 20% 酒精 20ml，然后放入一朵花的红花花丝，用玻璃棒轻微摇动，将气泡逐出，观察液面平稳时，立即读取液体体积的上升数。其中量筒精度为 0.5 ml，天平精度为 0.1 g。其中，在测量体积前，先进行红花重量的称取及红花丝片（个）数的记录。

花丝密度 ρ 按下式（2 – 2）计算：

$$\rho = \frac{W_1}{W_2 \cdot N} = \frac{W_1}{V \cdot N} \qquad (2-2)$$

式中：W_1——单根红花质量，g；

W_2——与红花同体积的水的质量，g。$W_2 = V \cdot \rho_水$。$\rho_水$为水的密度，近似取 1 000kg/m³；

V——试样体积，ml；

N——红花丝根数。

（2）测试结果及分析

试验分别以开花后第 1 天、第 2 天、第 3 天、第 4 天、第 5 天、第 6 天红花为一组，每组共进行 30 次重复，得到红花密度相关参数测定结果均值如表 2 – 3。由表 2 – 2 及图 2 – 13 可知，单个花球中花丝根数平均为 116 根，最大值为 161 根，最小值为 77 根。

表 2 – 3 红花密度相关参数测定结果

Table 1　The measurement results of dimension parameters

测量参数名称	均值	标准差	变异系数
花丝密度（kg/m³）	212.5	6.31	1.21
单根花丝质量（g）	0.0061	1.16	0.02
单个花球中花丝根数	116	8.53	2.67

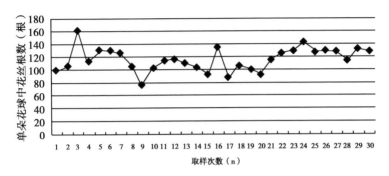

图 2 – 13　单个花球中花丝根数分布

Figure 2 – 13　Distribution map of petal's number in a single curd

由表 2 – 3 及图 2 – 14 可知，单根花丝质量平均为 0.0061g，最大值为 0.0078g，最小值为 0.0035g。花丝质量在第二天达到最大，随之花丝质量逐渐减少，原因是第一天的花丝没有完全绽放，到了第二天花丝完全绽放，而且含水率最大，随着开放后含水率的损失，花丝质量也慢慢减少。

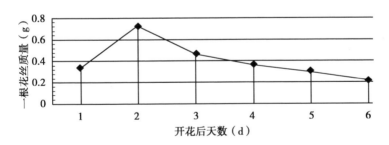

图 2 – 14　不同成熟度单根花丝质量数值分布

Figure 2 – 14　Distribution map of one petal's quality with different maturity

由表 2 – 3 及图 2 – 15 可知，单根花丝密度平均为 212.5

kg/m³，最大值为 280kg/m³，最小值为 123kg/m³。花丝密度在红花开放后前四天内变化不大，随着花丝成熟度的增加，花丝质量逐渐减少，花丝体积也逐渐减小，由于花丝质量变化大于体积变化，因此，花丝密度在第 4 天后开始减少并趋于稳定。

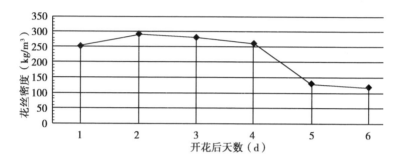

图 2 - 15　不同成熟度花丝密度数值分布

Figure 2 - 15　Distribution map of the petal's density with different maturity

2.3　红花力学特性参数的测试

2.3.1　红花与果球拉离力研究

果球与花丝之间的拉拔力采用万能材料试验机（图 2 - 16）：用标准砝码对所采用传感器进行标定，调整上下夹具距离，将花丝端装夹在下卡台上，连接花球的花茎装夹在上卡台上，据 GB 选择上卡台进给速度为 1.17mm/s，调试计算机与试验机的通讯，保证串口连接无误，能够使实验数据准确及时地传递到计算机上，观察拉断的花丝，若全部花丝与果球分离，此时记录数值，红花样本选取开放后 1~6 天的花球，每组的样本数为 10 朵。

由表 2 - 4 和图 2 - 17 可知，随着红花成熟度的不同，花丝

图 2 – 16　花丝与果球分离力测试

Figure 2 – 16　Test on separation force between
petals and bearing cones

与果球分离力平均在 16.23~33.54N，开放后第一天的花丝最好
采摘，所需采摘力平均在 16.23N，最大值为 23.87N，最小值为
12.38N。随之，花丝与果球的分离力逐渐增大，从开放后第 2
天到开放后第 6 天花丝与果球分离力基本接近，其中所需采摘力
最大值为 43.73N，最小值为 20.01N。红花开放后第 2 天，花丝
与果球分离力平均在 31.85N，最大值为 39.91N，最小值为
22.69N。红花开放后第 3 天，花丝与果球分离力平均在 32.79N，
最大值为 43.16N，最小值为 24.32N。红花开放后第 4 天，花丝
与果球分离力平均在 32.79N，最大值为 43.73N，最小值为
23.75N。红花开放后第 5 天，花丝与果球分离力平均在 31.70N，
最大值为 42.70N，最小值为 21.24N。红花开放后第 6 天，花丝
与果球分离力平均在 28.56N，最大值为 42.95N，最小值
为 20.09N。

表 2 - 4 不同成熟度花丝与果球分离所需拉断力（N）

Table 2 - 4　Separation Force between petals and fruit
ball with different maturity

物料种类 拉断力	开后 第1天	开后 第2天	开后 第3天	开后 第4天	开后 第5天	开后 第6天
平均值	16.23	31.85	33.54	32.79	31.70	28.56
标准差	3.30	5.67	5.43	7.05	6.70	5.71
变异系数	0.20	0.18	0.16	0.22	0.21	0.20

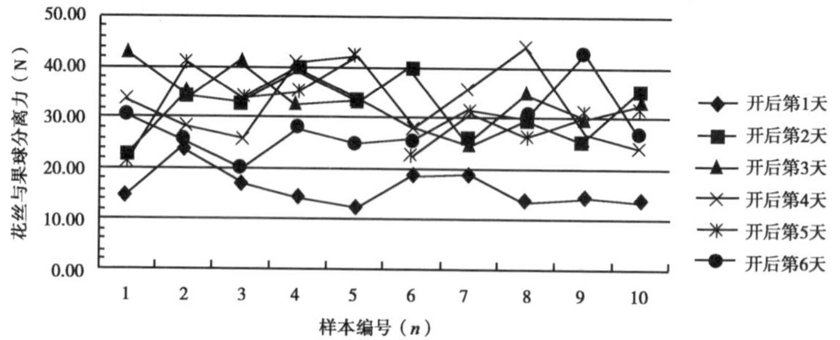

图 2 - 17　不同成熟度花丝与果球分离力数值分布

Figure 2 - 17　Distribution map of separation force between
petals and bearing cones under different maturity

2.3.2　红花果球与茎秆拉伸力研究

果球与茎秆之间的拉拔力采用万能材料试验机（图 2 - 18）：用标准砝码对所采用传感器进行标定，调整上下夹具距离，将连接花球的茎秆端装夹在下卡台上，果球端装夹在上卡台上，据GB 选择上卡台进给速度为 70mm/min，调试计算机与试验机的通讯，保证串口连接无误，能够使实验数据准确及时的传递到计算机上观察，若果球与茎秆分离，此时记录数值，红花样本选取开放后 1～6 天的花球, 每组的样本数为 10 朵。

图 2 - 18   果球与茎秆分离力测试
Figure 2 - 18   Test on separation force between
stems and bearing cones

由表 2 - 5 和图 2 - 19 可知, 随着红花成熟度的不同, 红花茎秆与果球分离力平均在 98.79～114.95N, 分离力的大小与开放后花丝的成熟度关系不大。其中红花开放后第 1 天, 茎秆与果球分离力平均在 98.79N, 最大值为 128.87N, 最小值为 70.98N。红花开放后第 2 天, 茎秆与果球分离力平均在 111.60N, 最大值为 145.64N, 最小值为 81.89N。红花开放后第 3 天, 茎秆与果球分离力平均在 114.95N, 最大值为 138.19N, 最小值为 94.62N。红花开放后第 4 天, 茎秆与果球分离力平均在 99.51N, 最大值为 142.25N, 最小值为 63.7N。红花开放后第 5 天, 茎秆与果球分离力平均在 104.37N, 最大值为 142.54N, 最小值为

85.41N。红花开放后第 6 天，茎秆与果球分离力平均在 89.20N，最大值为 115.67N，最小值为 63.23N。

表 2 - 5　不同成熟度红花的茎秆与果球分离力（N）

Table 2 - 5　Separation force between stems and bearing
cones under different maturity

物料种类\拉断力	开后第 1 天	开后第 2 天	开后第 3 天	开后第 4 天	开后第 5 天	开后第 6 天
平均值	98.79	111.60	114.95	99.51	104.37	89.20
标准差	16.93	21.90	3.39	26.05	18.63	3.35
变异系数	0.17	0.19	0.03	0.26	0.18	0.04

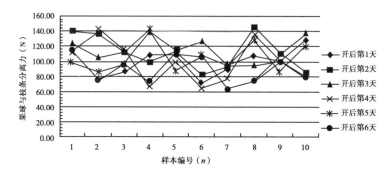

图 2 - 19　不同成熟度花丝与果球分离力数值分布

Figure 2 - 19　Distribution map of separation force between stems
and bearing cones under different maturity

由表 2 - 4、表 2 - 5 和图 2 - 20 对比分析可知，随着红花成熟度的不同，红花茎秆与果球分离力远大于花丝与果球的分离力，一般情况下，采摘花丝时不会破坏果球，但采摘装置提供的采摘拉拔力不能太大，因此在设计采摘机构的时候，要注意在满足花丝与果球分离的同时，采摘力应不大于果球与枝条的分离力。

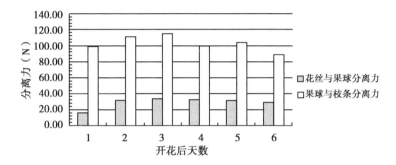

图 2 - 20　不同成熟度花丝与果球分离力以及
果球与枝条分离力对比图

**Figure 2 – 20　Comparison of separation ability between petals
and bearing cones under different maturity and separation
ability between fruitballs and stems**

3 红花机械采摘系统的设计

机械采收的基本原理是用机械产生的外力，对采摘对象施加拉、弯、扭等作用，当作用力大于果实与植株的连接力时，果实就在联结最弱处与果柄分离，完成采摘过程。根据采摘作用力的形式不同，采收机主要有气力式和机械式两种。目前气力式主要针对干花丝的采收，针对新鲜花丝的采收机械主要分为：切割式采收机和辊式机械采收机。

3.1 红花采摘系统的功能分析

红花花球在植株中分布高矮不一，错综不齐，呈空间立体分布，开放时间也早晚不一，且由于花－果不同期收获的特点，采收花丝时，为了避免损伤包裹尚未成熟种子的果球，实际操作过程中，须逐个对准花球实施采摘，因此，本文采收方式探讨手持式红花采收机械的采摘机理。

由图3－1可知，花丝一直延伸至果球内，与红花籽交错在一起，被果球紧密包裹，形成一个以果球为基体、红花丝、花籽为增强单元的复合体。采收过程的本质就是将红花丝与果球相分离的过程，采摘时，应使红花丝尽快的拔离果球，有效进入收集装置，并保证花丝完整度。

图 3 – 1　不同成熟度花丝与果球连接形态

Figure 3 – 1　Morphology of junctions between saffron petals
and bearing cones under different maturity

3.2　机械采摘方案确定

3.2.1　切割式机械采摘

　　如图 3 – 1 所示，由于红花丝呈冠状分布，在重力作用下，花丝将其与果球连接处覆盖住，若直接用刀具进行切割，则会造成花丝破碎、果球破损的现象。因此，机械切割采收前一般应增加气流梳理整形的环节，即通过气力使贴附在红花果球上的红花在负压作用下竖直向上，从而实现切割喂入角度的准确定位，达到降低红花破碎率，提高采净率的采摘效果。综上，一般气力 – 切割组合式红花采摘器采收流程主要分 3 道工序完成：①梳理整形：红花在气流场负压作用下，经梳理整形至竖直状态；②切割：红花在回转刀片作用下与果球分离；③收集输送：分离后的红花在气流场负压作用下收集、输送至储花室。

　　经试验，切割式红花采收装置增加梳理整形环节以后的采摘结果如图 3 –2 和表 3 –1 所示。试验结果表明，增加了梳理整形过程以后，花丝的采摘质量大大提高。

a. 无梳理整形过程切割采收红花效果的照片

b. 增加梳理整形过程切割采收红花效果的照片

图 3 - 2　采收效果对比试验图片

Figure 3 - 2　The picture for test process

表 3 - 1 梳理整形采收效果对比试验结果
Table 3 - 1 Experiment results

试验参数	无梳理整形过程	增加梳理整形过程
完整的红花质量（g）	0.202	0.371
破碎的红花质量（g）	0.101	0.004
残留在果球上的红花质量（g）	0.044	0.005
红花破碎率（%）	29.11	1.05
红花残留率（%）	12.68	1.32

对切割式红花采收机的梳理整形装置展开研究，针对圆柱管形和收缩管型吸花通道截面形状进行梳理整形效率的对比试验。试验时，利用 CPL-MS70K 型高速摄像机进行拍摄记录红花开始起动到竖直直立的梳理整形过程，利用高速摄像分析软件，观察并记录梳理整形过程的播放帧数，从而计算其完成梳理整形所需时间。

红花梳理整形过程完成时，保持风机继续工作，启动切割刀具，切割红花，分别称重、记录已梳理整形和未被梳理整形（残留在果球上）的红花重量，根据式（3-1）计算红花梳理整形率。

$$红花梳理整形率 = \frac{m_{梳理}}{m_{未} + m_{梳理}} \times 100\% \qquad (3-1)$$

式中：$m_{梳理}$——已梳理整形的红花重量，g；

$m_{未}$——未梳理整形的红花重量，g。

梳理整形过程中，可见红花由花冠中心逐渐到花冠外缘由冠状自然状态至竖直状态（图 3-3），其梳理整形时间和梳理整形率的试验结果见表 3-2。可知，收缩管形吸花通道梳理整形后花冠外缘未参与梳理整形红花的根数明显少于圆柱管形吸花通道，且梳理整形时间也较圆柱管形吸花通道时间短。因此，收缩管型的吸风通道截面形状，利于达到红花临界起动速度。较圆柱管型吸风通道截面形状更适宜红花的梳理整形工作。

00:00:00:01　　　　00:00:00:14　　　　00:00:01:02

梳理整形开始　　　梳理整形中　　　梳理整形结束

a. 圆柱管型吸花通道梳理整形鲜花效果图

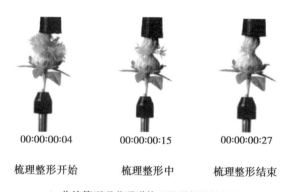

00:00:00:04　　　　00:00:00:15　　　　00:00:00:27

梳理整形开始　　　梳理整形中　　　梳理整形结束

b. 收缩管型吸化通道梳理整形鲜花效果图

图 3-3　试验图片

Figure 3-3　The picture for test process

由上述分析可知，切割式红花采摘方法，对负压梳理整形要求较高。因此，采摘机构中应具有能形成大负压差的密闭空间，整体结构相对复杂，且采摘效率不高。

表 3 - 2　试验结果
Table 3 - 2　Experiment results

试验参数	圆柱管形		收缩管形	
	鲜花	干花	鲜花	干花
完成梳理整形平均时间（s）	0.47	1.24	0.12	0.17
被梳理整理红花质量（g）	0.301	0.221	0.375	0.34
未梳理整形红花质量（g）	0.044	0.035	0.005	0.016
梳理整形率（%）	87.25	86.33	98.68	95.51

3.2.2　辊式机械采摘

经试验发现利用对辊施加挤压和摩擦力能够将红花丝采摘下来，且花丝完整度好，采净率高，且其结构简单，操作方便，无需专门精准定位，相对切割式采摘机械采摘效率较高。

因此选择辊式采摘机械为研究对象，探讨红花机械采摘过程中其结构参数和工作参数对采摘质量的影响规律。

3.3　总体结构设计及工作原理

3.3.1　总体结构

对辊式红花采收机由背负系统、汽油机、风机、输花管道、对辊式采摘机构组成（图 3 - 4），其中背负动力系统由背带、汽油机、风机、安装板以及定位板组成，手持便携采摘系统由对辊、抓握手柄、齿轮副、端盖以及支撑板等组成。其中，对辊表

面包裹一层橡胶，促使对辊之间的压力分布相对均匀，保证花丝
的完整度。

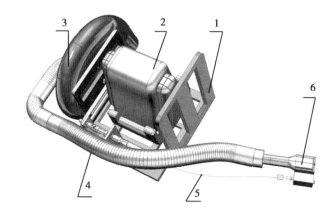

图 3 – 4　辊式红花采收机结构

Figure 3 – 4　Structure diagram of dual-rollers plucking device

1. 背负系统支架；2. 汽油机；3. 风机；4. 输花管道；5. 软轴；6. 对辊
式采摘头

3.3.2　工作原理

辊式红花收获机工作过程：首先启动动力源汽油机，在汽油
机的驱动下，软轴做高速旋转并将动力传递到手持便携采摘系
统，在动力传送装置的驱动下，采摘装置内部与软轴相连的一个
胶辊也做相应的高速旋转，并通过齿轮传动驱动另一个胶辊旋
转，两个胶辊形成对辊相向转动。之后采花工将手持系统的采花
口对准花球，此时高速旋转的对辊在其周围产生气流压力差使红
花丝聚集、收拢，此时高速旋转的对辊会对花丝施加一定离心力
以及摩擦力，继而花丝会在胶辊辊压作用下与果球分离，分离后
的花丝在负压风机形成的负压作用下，通过输花管道输送到储花

室，从而完成花丝的采收工作。胶辊表面越粗糙，则摩擦因数越大，越有利于花丝喂入。

3.4　辊式红花采收机关键零部件设计

3.4.1　采摘头结构设计

3.4.1.1　胶辊直径和对辊间隙的计算

胶辊是对辊采摘机采摘花丝的关键部件，其胶辊直径和对辊间隙的设定会直接影响花丝的喂入效果，进而影响采摘的花丝质量。红花丝与胶辊相接触的圆弧所对应的圆心角称为咬入角 α（也称接触角）。由图 3 – 5 可知，花丝直径变形量与胶辊直径及咬入角之间有如下几何关系：

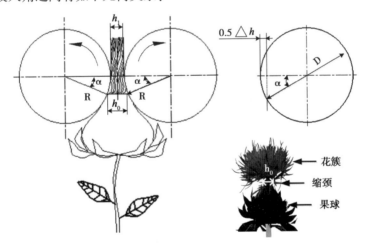

图 3 – 5　采摘过程变形区几何示意

Figure 3 – 5　Geometric sketch of deformed area during plucking process

$$\Delta h = 2(R - R\cos\alpha) = D(1 - \cos\alpha) \qquad (3-2)$$

式中：α 为咬入角，（°）；

R 为胶辊半径，mm；

D 为胶辊直径，mm；

h_0 为花簇与果球之间的缩颈直径（图 3-5），mm；

h_1 为对辊间隙，mm。

由式（3-1）可推出

$$\cos\alpha = 1 - \frac{\Delta h}{D} \qquad (3-3)$$

所以

$$\sin\frac{\alpha}{2} = \frac{1}{2}\sqrt{\frac{\Delta h}{R}}$$

当 α 很小时（$\alpha < 10° \sim 15°$），取 $\sin\frac{\alpha}{2} \approx \frac{\alpha}{2}$，可得

$$\alpha = \sqrt{\frac{\Delta h}{R}} \qquad (3-4)$$

式中：D、R 分别为胶辊的直径和半径，mm；

Δh 为红花进入对辊间隙前后的尺寸变形量，mm；

h_0 为花簇与果球之间的缩颈直径（图 3-5），mm；

h_1 为对辊间隙，mm。

由式（3-3）分析胶辊直径和胶辊间隙对咬入的影响。

采摘花丝时，红花为一簇花丝，若采摘过程中花丝受到的胶辊挤压比较大，容易破碎，降低花丝的完整率；若对辊间隙（辊缝）过大，则不利于花丝的采摘，降低花丝的采摘效率。因此，保证胶辊有良好的工作质量，合适的对辊间隙是关键。当 $\Delta h = c$ 时，胶辊直径增大，咬入角减小，若摩擦因数不变，可改善咬入条件，但胶辊直径过大，会增加采摘机构整体尺寸，不便于操作时准确、快速的接近红花，因此为改善红花的喂入，可

适当增加胶辊的直径。

当 $D=C$ 时，花丝变形量减小，喂入角减小，若摩擦系数不变，可改善喂入条件，但使花丝喂入后在胶辊间所受压力减小，增加反复喂入次数，降低采摘效率。

由式（3-4）可知

$$D = \frac{\Delta h}{1-\cos\alpha} = \frac{h_0 - h_1}{1-\cos\alpha} \qquad (3-5)$$

由第二章试验结果可知"云红二号"红花缩颈处直径 h_0 为 6.53~10.30mm，一般，$h_0 - h_1 = (0.6~0.9)h_0$，若选取系数为0.9，经公式（3-5）计算，D 为31.06~48.99mm。若选取系数为0.6，经公式（3-5）计算，D 为20.70~32.66mm。因此，本论文讨论直径在20~45mm的胶辊直径对红花采摘质量的影响。

3.4.1.2　轻量化设计：

采摘头是关键组件之一，决定着采摘效率和花丝的采摘质量，结构的合理性与否直接影响采摘效果，其重量和工作震动频率是劳动强度的重要指标，考虑到人手均承受力，在不影响正常工作效果和可靠性的条件下，采摘头采取轻量化设计理念。

降低手柄的重量可提高手柄的可持性和红花采收机的经济性。从工程意义上说，手柄在整个红花采收机中是一个即承受载荷又传递载荷的机构，手柄的轻量化设计是在保证手柄壳体具有足够的刚度及强度条件下，尽可能减轻手柄的重量，同时保证手柄具有最大的可靠性与寿命。强度是指结构在承受载荷时抵抗破坏的能力；刚度是指结构在载荷的作用下抵抗变形的能力；寿命是指从开始使用到报废过程中经历的时间。强度不够会引起手柄破坏，刚度不足不仅会导致其变形过大，汽油机在高速运转的过程中产生强烈震动，动力传递传递过程通过软轴传递，软轴外套连接将震动传递在手柄壳体上，手柄有强烈的颤振现象。按照传统设计思路，增加强度、刚度和寿命都会增加手柄的结构复杂程度和重量，在总重量不变的情况下，增加手柄结构重量就意味着有效载荷的减少，或者采摘性能等的下降。在满足一定的强度、刚度和寿命的条件下，要求手柄的结构重量越轻越好，更能使得红花采收机更加具有经济性竞争力。

为保证采摘头质量及强度，采摘头外壳采用塑料 POM 材料，POM 材料具有良好的物理、机械特性、而且具有耐摩擦性能，该材料硬度为洛氏硬度 M94。壳体厚度为 3mm，一侧为锥齿轮减速机构，一侧为直齿轮传动机构，三维模型如图 3 - 6 所示。

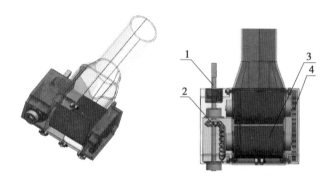

图 3 - 6　手柄三维模型

Fig. 3 - 6　3D model of handle

1. 动力输入轴；2. 锥齿轮机构；3. 采摘皮辊；4. 直齿轮机构

由于外壳壁厚较薄，且为塑料 POM，由于轴承的外圈需要轴承座挡住，而本身外壳的厚度为 3mm，若将轴承座设在壳体上会增大壳体的厚度或者特制轴承，同时由于汽油机工作时有很大的震动且采摘花丝时会导致两周微量径向偏移，轴承座在工作中会受到间歇性径向和轴向载荷。同时轴承在承载高速运转的轴时，会产生大量热量，加速壳体变形。

由轻量化设计分析可得，轴承作用在轴承座的面积等于轴承外圈面积，致使承受载荷壁厚较薄，在间歇性载荷的作用下，轴承座周围部分会导致破裂，解决方案：考虑到材料的经济性与机构的可靠性，增大壳体与轴承的接触面积，壁厚加厚，增加中间过渡部件，降低热量传递，本研究采取嵌件式轴承座安装，将轴承装入嵌入式轴承座中（图3-7），使得轴承座边缘增大与壳体接触面积，同时保证了壳体的厚度，增加了结构的可靠性。

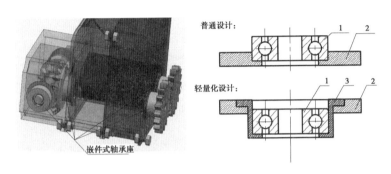

图 3 - 7　轴承座安装

Fig. 3 - 7　Bearing seat installation

1. 轴承；2. 壳体；3. 嵌件

3.4.2　锥齿轮减速机构的设计

动力软轴传动至手柄端后，需要变向，由于采摘手柄要求其具有轻量化要求，所以选择锥齿轮传动结构。由于红花采收机的动力源为汽油机，其工作时产生较高的转动速度，且有强烈的震动，所以需选择简支式锥齿轮结构（图3-8），简支式锥齿轮结构具有支撑刚性好，对较大的冲击具有较好的适应性，但装配相对复杂，在手柄的动力输入侧内加入嵌件，将主动锥齿轮装入的其中，使主从齿轮啮合，大锥齿轮一侧采用圆锥滚子轴承，以减小轴承反作用力点的距离，增加轴的刚度。

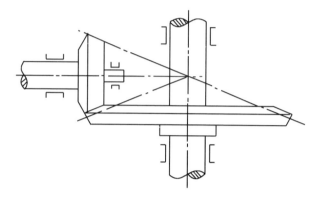

图 3 - 8　简支式锥齿轮结构

图 3 - 8　Simply supported bevel gear structure

大端分度圆直径：

$$d_1 = mz_1, \ d_2 = mz_2 \tag{3-6}$$

根据空间要求，暂取 $m = 2, z_1 = 10, z_2 = 20$

锥顶距：$R = \dfrac{1}{2} \sqrt{d_1^2 + d_2^2} = \dfrac{d_1}{2} \sqrt{u^2 + 1} \tag{3-7}$

代入数据，$R = 22.36\text{mm}$

分度锥顶角：$\tan\delta_1 = \dfrac{d_1}{d_2} = \dfrac{1}{u}, \tan\delta_2 = \dfrac{d_2}{d_1} = u$

$$\cos\delta_1 = \frac{d_2}{2R} = \frac{d_2}{d_1} \frac{1}{\sqrt{u^2 + 1}} = \frac{u}{\sqrt{u^2 + 1}} \tag{3-8}$$

$$\cos\delta_2 = \frac{d_1}{2R} = \frac{1}{\sqrt{u^2 + 1}}$$

定义齿宽系数 $\Phi_R = \dfrac{b}{R}$，$\Phi_R = 0.3$

$$d_{m1} = d_1(1 - 0.5\Phi_R) \tag{3-9}$$

带入数据：$d_{m1} = 17\text{mm}$

小锥齿的转矩:

$$T_1 = 9.55 \times 10^6 \frac{P}{n_1} = 9.55 \times 10^6 \frac{1.25}{5\,000} = 2\,387.5 \text{N} \cdot \text{mm}$$

$$(3-10)$$

圆周力:

$$F_t = \frac{2T_1}{d_{m1}} = \frac{2T_1}{d_1(1-0.5\Phi_E)} \qquad (3-11)$$

$$F_{r1} = F'\cos\delta_1 = F_t\tan\alpha\cos\delta_1$$
$$F_{a1} = F'\sin\delta_1 = F_t\tan\alpha\sin\delta_1 \qquad (3-12)$$

其中, $F_{a2} = -F_{r1}, F_{r2} = -F_{a1}$

齿面接触疲劳强度: $\sigma_H = Z_E Z_H \sqrt{\dfrac{KF_t}{0.85bd_{v1}} \dfrac{u_v \pm 1}{u_v}} \leqslant [\sigma]_H$

$$(3-13)$$

代入

$$\sigma_H = Z_E Z_H \sqrt{\frac{KF_t}{0.85bd_1(1-0.5\Phi_R)} \frac{\sqrt{u^2+1}}{u}} \leqslant [\sigma]_H \quad (3-14)$$

代入数据, $\sigma_H = 1\,032$

$$[\sigma]_H = \frac{\sigma_{Hlim}}{S_{Hlim}} Z_N Z_X Z_W Z_{LVR} \qquad (3-15)$$

代入数据, $[\sigma]_H = 1295.7$,所求接触疲劳载荷在许用范围之内。

将 $b = \Phi_R R = \dfrac{d_1}{2}\Phi_E \sqrt{u^2+1}$ 、 $F_t = \dfrac{2T_2}{d_1(1-0.5\Phi_E)}$ 代入上式中,可得:

$$d \geqslant \sqrt{\frac{4KT_1}{0.85\Phi_R u(1-0.5\Phi_E)^2} \left(\frac{Z_E Z_H}{[\sigma]_H}\right)} \qquad (3-16)$$

齿根弯曲疲劳强度:

$$\sigma_F = \frac{KF_t}{0.85bm_n}Y_FY_S = \frac{KF_t}{0.85bm(1-0.5\Phi_R)}Y_FY_S \leqslant [\sigma]_F$$

$$(3-17)$$

代入数据，$\sigma_F = 504.4$

$$[\sigma]_F = \frac{\sigma_{Flim}Y_{ST}}{S_{Flim}}Y_WY_X \qquad (3-18)$$

代入数据，$[\sigma]_F = 1\ 000$，所求抗弯曲疲劳载荷在许用载荷范围之内

将 $F_t = \dfrac{2T_1}{d_1(1-0.5\Phi_E)}$、$b = \dfrac{d_1}{2}\Phi_R\sqrt{u^2+1}$ 代入上式：

$$m \geqslant \sqrt[3]{\frac{4kT_1}{0.85\Phi_EZ_1^2(1-0.5\Phi_E)\sqrt{u^2+1}}\frac{Y_EY_S}{[\sigma]_F}} \ \text{代入数据，}$$

$m > 1.78$，取整 $m = 2$

3.4.3 输送系统风机的设计

红花丝被采摘下来之后，胶辊将之抛出，由于没有中间的传输装置，在负压风机的作用下花丝经过输送管道至离心鼓风机内，最终花丝经离心鼓风机被输送至集花袋，离心鼓风机性能的好坏直接影响到花丝的输送情况和收集情况。

风机的进风量是确值，在田间试验时，花丝成簇的进入的离心风机内，由于花丝体积较大，由于离心力的作用，花丝被叶轮内被打碎，打碎后的花丝黏附在叶轮和机壳内部，难以清理，致使风机内部空间减少，叶轮阻力增大；碎后的花丝不符合采收质量。考虑到花丝的质量和花丝的平均直径，在叶轮的进风口设置滤网，花丝被吸入到离心风机内时，花丝打在滤网上，在离心力的作用下，花丝进入风机出口，花丝进入集花袋，这就有效的避免了花丝被打碎的现象。

4 采摘装置胶辊轴的装配过盈量分析

对辊式红花采收机关键部件胶辊，与传动轴过盈装配时，工作面受到的装配预应力直接关系到胶辊的反弹位移大小，从而影响花丝的采摘质量。通过分析对胶工作过程中胶辊受力情况，结合弹塑性力学理论建立胶辊工作时的力学模型，根据胶辊在传动时保证不打滑的最小接触载荷，通过 ABAQUS 对装配过盈量的静力学仿真分析，最终通过确定装配时最小过盈量，依据所施加工作载荷工作面所产生的回弹位移量，确定了最大过盈量。

4.1 采摘过程力学分析

4.1.1 对花丝采摘过程受力分析

在花丝进入对辊之间时，在对辊与花丝产生的摩擦力和挤压力作用下，将花丝从果球上分离，随后高速的旋转的对辊将其甩出，完成一次采摘动作。在花丝采摘过程中，花丝所受压力是通过花丝与胶辊表层接触产生弹性形变产生的，花丝所受压力是一个重要的参数，直接影响花丝的破碎率；从宏观上将整簇花丝视为一个受力弹性基体，对采摘过程花丝进行受力分析（图 4 - 1），在花丝进入对辊中间时，受到对辊对花丝的压力 F_N，花丝与果球的拉力 $F_拉$，可建立方程关系：

$$F_拉 = 2F_f = \mu 2F_N \qquad (4-1)$$

其中 $F_拉$ 通过拉伸试验台测得平均为 $24.9N$；摩擦系数 μ，利用滑动摩擦角测量仪测量，测得花丝自由滑落时摩擦角 $\alpha =$

$45°$，有关系式 $\mu = \tan\alpha$ 可得静摩擦系数 $\mu = 1$，求得 $F_N = 50N$。

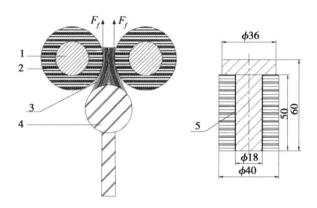

图 4 – 1   采摘原理

Fig. 4 – 1   Picking principle diagram

1. 传动轴；2. 胶辊；3. 花丝；4. 果球；5. 过盈面

4.1.2   胶辊过盈面最小接触应力分析

传动轴在传递扭矩 T 时，过盈在传动轴上的胶辊，为保证不相对传动轴产生滑移，配合面上产生的摩擦力矩 M 应大于或等于转矩 T，即

$$M \geqslant T \tag{4 – 2}$$

结合面 d_f，配合位置周长 l，摩擦力 f

$$f = \mu_1 N \tag{4 – 3}$$

其中，$N = l \cdot l_f \cdot P_f$。

在过盈结合面对摩擦力进行积分得：

$$M = \int_s \frac{d_f}{2} dN \text{ 则 } M = \int_0^{\pi d_f} \frac{d_f}{2} P_f \mu l_f dl = \frac{\pi}{2} \mu_1 d_f^2 P_f l_f \tag{4 – 4}$$

传动轴传递转矩 T，$T = 9549 \dfrac{\lambda cp}{n}$ 式中，λ 为过载系数，根据

设计要求取 2.2，c 为安全系数取 2，P 为传递功率，由（4 - 2）式可得，

$$P_f \geqslant 9549 \frac{\lambda cp}{n} \cdot \frac{2}{\pi \mu_1 d_f^2 l_f} \qquad (4-5)$$

代入数据，$P = 100\text{W}$，$n = 1\,300\,\text{r/min}$，$d_f = 18\text{mm}$，$L_f = 50\text{mm}$，可得 $P_f \geqslant 1.269\text{MPa}$，即胶辊面对钢轴产生最小接触压力载荷为 1.269MPa。

4.1.3 胶辊工作力学模型

选择胶辊的横截面作为研究对象，由于截面为轴对称问题，设内径为 $2a$，外径为 $2b$，受到过盈接触力为 q_1，花丝接触载荷 q_2 的作用（图 4 - 2），离两端足够远处的应力和应变的分布沿筒长方向没有差异，有弹塑性力学可得。

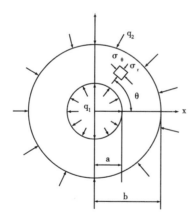

图 4 - 2 胶辊工作受力模型

Fig. 4 - 2 Rollers work force model

$$\left.\begin{array}{l} \sigma_r = \dfrac{a^2 b^2}{b^2 - a^2}\dfrac{q_2 - q_1}{r^2} + \dfrac{a^2 q_1 - b^2 q_2}{b^2 - a^2} \\[3mm] \sigma_\theta = -\dfrac{a^2 b^2}{b^2 - a^2}\dfrac{q_2 - q_1}{r^2} + \dfrac{a^2 q_1 - b^2 q_2}{b^2 - a^2} \\[3mm] u = \dfrac{1-v}{E}\dfrac{(q_1 a^2 - q_2 b^2)r}{b^2 - a^2} + \dfrac{1+v}{E}\dfrac{(q_1 - q_2)a^2 b^2}{(b^2 - a^2)r} \end{array}\right\} \quad (4-6)$$

式中：

u, v 分别为径向位移和环向位移；

E 为弹性模量；

σ_r, σ_θ 分别为径向和切向应力分量；

在胶辊未工作之前，过盈完成后，仅受过盈接触载荷作用，即当 $r = a$，$q_2 = 0$，微元则在胶辊过盈面上：

$$\left.\begin{array}{l} \sigma_r = \dfrac{a^2 q_1}{b^2 - a^2}\left(1 - \dfrac{b^2}{r^2}\right) \\[3mm] \sigma_\theta = \dfrac{a^2 q_1}{b^2 - a^2}\left(1 + \dfrac{b^2}{r^2}\right) \\[3mm] u = \dfrac{1-v}{E}\dfrac{a^2 r q_1}{b^2 - a^2} + \dfrac{1+v}{E}\dfrac{a^2 b^2 q_1}{(b^2 - a^2)r} \end{array}\right\} \quad (4-7)$$

在胶辊工作过程中，同时受到过盈接触载荷及花丝压力载荷，微元在胶辊的外边缘受载荷区，即当 $r = b$，则可得以下方程模型：

$$\left.\begin{array}{l} \sigma_r = \dfrac{a^2 q_1}{b^2 - a^2}\left(1 - \dfrac{b^2}{a^2}\right) \\[3mm] \sigma_\theta = \dfrac{a^2 q_1}{b^2 - a^2}\left(1 + \dfrac{b^2}{r^2}\right) \\[3mm] u = \dfrac{1-v}{E}\dfrac{a^2 r q_1}{b^2 - a^2} + \dfrac{1+v}{E}\dfrac{a^2 b^2 q_1}{(b^2 - a^2)r} \end{array}\right\} \quad (4-8)$$

若胶辊在已过盈的前提下，在花丝接触载荷面失去"弹性"性能，即没有反弹位移，由（4 - 8）式，不计环形位移，当 $u = 0$ 可得：

$$q_2 = \frac{2a^2 q_1}{(b^2 + a^2)} \qquad (4 - 9)$$

此时，载荷面没有反弹位移。

4.2 胶辊仿真力学模型建立

在橡胶工业中橡胶的配合方式多采用过盈配合，减震橡胶中的球铰，圆柱铰等经常用轴对称方式，通常情况下橡胶被设定为超弹性材料进行研究，但相关文献中很少采用通过建立力学模型的方式研究橡胶过盈配合的大变形问题，这是因为超弹性本构模型高度的非线性问题是极其复杂的。本文设在平面应变条件下，对超弹性不可压橡胶材料与线弹性材料过盈配合的进行求解。

传动轴的应力分析：以 p_0 表示传动轴在 R_0 处收到的压力（图 4 - 3），根据以上分析可得 p_0 为 1.269MPa。

图 4 - 3　理论解析模型

Fig. 4 - 3　Theoretical analytical model

由于本模型为平面轴对称圆形，采用极坐标更加方便：

$$\sigma_{rr} = \sigma_{zz} = -p_0 \ , \ \sigma_{zz} = -2v_0 p_0$$

$$\varepsilon_{\theta\theta} = \varepsilon_{rr} = \frac{1 - v_0^2}{E_0}\left(\sigma_{rr} - \frac{v_0}{1 - v_0}\sigma_{\theta\theta}\right) = -\frac{(1 + v_0)(1 - 2v_0)}{E_0}p_0$$

其中 E_0 为传动轴杨氏模量，v_0 为其泊松比；u_0 为传动轴在 R_0 处的位移，有拉梅公式：

$$u_0 = \varepsilon_{\theta\theta} R_0 = -p_0 R_0 \frac{(1 + v_0)(1 - 2v_0)}{E_0} \qquad (4-10)$$

橡胶的应力分析：由于本研究重点为橡胶体变形量，所以专注研究不考虑橡胶体积变化忽略其形状变化，可构造其等容变形梯度张量：$\bar{F} = J^{-\frac{1}{3}}F$，F 表示橡胶的变量梯度张量，J 为体积比，可构造左 Cauchy-Green 张量 $B = F \cdot F^T$，则等容左 Cauchy-Green 张量：$\bar{B} = \bar{F} \cdot \bar{F}^T = J^{-\frac{2}{3}}F \cdot F^T = J^{-\frac{2}{3}}B$。

通过应变能函数定义橡胶本构关系

$$\overset{\cdot}{o}' = \frac{2}{J}DEV\left[\left(\frac{\partial U}{\partial I_1} + \bar{I}_1\frac{\partial U}{\partial I_2}\right)\bar{B} - \frac{\partial U}{\partial I_2}\bar{B} \cdot \bar{B}\right] \qquad (4-11)$$

其中 $\overset{\cdot}{O}$ 为 Cauchy 应力，$\overset{\cdot}{o}'$ 为其偏移量，DEV 表示张量的偏量，假设橡胶是不可压缩体，$\bar{B} = B, J = 1$，$\bar{I}_1 = \bar{I}_2 = 1 + \frac{R'^2}{R^2} + \frac{R^2}{R'^2}$，

由式（4-11）可推导

$$\sigma'_{\theta\theta} - \sigma'_{rr} = 2\left[\left(\frac{\partial U}{\partial \bar{I}_1} + \bar{I}\frac{\partial U}{\partial \bar{I}_2}\right)\left(\frac{r^2}{R^2} - \frac{R^2}{r^2}\right) - \frac{\partial U}{\partial \bar{I}_2}\left(\frac{R'^4}{R^4} - \frac{R^4}{R'^4}\right)\right]$$

式中 R 表示变形前橡胶某点的半径，R′ 表示变形后该点的半径，利用轴对称平面问题平衡方程：

$$\frac{d\sigma_{rr}}{d_r} + \frac{1}{R'}(\sigma_{rr} - \sigma_{\theta\theta}) = 0$$

由橡胶的不可压缩性可得：

$$R^2 - R_0^2 = R'^2 - (R_0 + u_0)^2$$

本模型由于应变能都是不变量的线性函数，过盈后橡胶为小应变受力材料，所以该橡胶本构模型采用 Mooney-Rivlin 模型：

$$U = C_{10}(\overline{I_1} - 3) + C_{01}(\overline{I_2} - 3) + \frac{1}{D_1}(J - 1)^2$$

U 为应变能密度，C_{10}，C_{01} 为材料参数，分别取 $C_{10} = 0.299\text{MPa}$，$C_{01} = 2.79\text{MPa}$，I_1，I_2 分别为应变张量不变量，J 为体积比，D_1 为张量偏量。

胶辊选用材料为聚氨酯橡胶材料，尺寸参数如图 4-1 所示，由于橡胶材料具有几何非线性，接触非线性及材料非线性三大非线性特征，在仿真研究时作以下假设：

（1）材料具有确定的弹性模量和泊松比。

（2）材料的拉伸与压缩蠕变相同。

（3）蠕变不引起体积变化。

（4）忽略温度对橡胶材料的影响。

（5）胶辊的纵向压缩可设为由约束边界条件引起，与过盈接触和施加载荷无关。其中，聚氨酯密度为 $\varphi = 1\,300\text{kg/m}^3$。

4.3　有限元分析前处理

ABAQUS 软件有强大的前处理功能，包括模型建立、创建材料、定义界面属性、定义装配、设置分析过程、设置边界条件和施加载荷、划分网格；针对不同类型的分析问题，ABAQUS 中又分为 standard 过程和 explicit 过程，即隐式与显式算法，显式算法与隐式算法的区别在于：两种算法都能提供相似的材料模型，但显式中能提供材料失效的模型；在接触公式中，都能提供强健的接触功能，但显式算法能解决更为复杂的接触模拟，在求解技术上，隐式侧重丁基于刚度的求解，具有一定的稳定性，显式算法采用显式积分，对于非线性过程分析更具有稳定性，在占用磁盘空间和内存上，相比隐式算法显式算法占有空间要小很多，尤其在本文设计的材料和过程，隐式算法难以完成收敛，从而产生大量的迭代，但在本文所涉及的仿真中，由于模型和过程简单，隐式算法更能有效的完成本文所研究非线性接触问题。

4.3.1 模型建立及划分网格

ABAQUS 中具有丰富的单元库，单元种类多达 433 种，按照节点位移插值的阶数，可以将 ABAQUS 单元划分为以下四种类：

（1）完全积分：完全积分是指当使用单元形状规则时，高斯积分点数目大于单元刚度矩阵中多项式的数量，可以实施精确积分。

（2）减缩积分：在 ABAQUS 中，只有四边形和六面体才使用减缩积分单元，因为每个方向上比完全积分单元少一个积分点，在一阶积分单元中错在沙漏现象，ABAQUS 引入人工的沙漏刚度来限制出现的沙漏，一般在使用线性减缩单元时，会采用细化网格的方法，使单元数量约多，对沙漏模式的约束越有效。

（3）非协调单元：非协调单元主要是克服在完全积分的一阶单元中的剪力自锁现象，仅应用在 ABAQUS/Standard 模式中，在一阶单元中，位移场不能模拟弯曲相关的变形时产生剪力自锁现象，解决方法是增加单元变形梯度的附加自由度，非协调单元是一种"经济"的单元类型，可以在减少运算空间的条件下，完成高精度计算。

（4）混合单元：但材料行为是不可压缩的（泊松比 = 0.5）或非常接近于不可压缩（泊松比 > 0.475）时，需要采用混合单元，本文所研究的橡胶就是一种典型的不可压缩性质的材料，不能用常规单元来模拟不可压缩性的材料响应。

　　胶辊与传动轴的装配三维图如图 4 - 4a，由于其为对称模型，在 ABAQUS 中建立胶辊轴二维模型，其几何尺寸如图 4 - 1 所示，划分网格时，传动轴采用 CAX4I 线性减缩积分单元类型，划分得到 689 单元，783 节点，材料参数：泊松比为 0.3，杨氏模量为 2.06e11，密度 1 700kg/m^3。胶辊采用 CAX4RH 减缩混合单元类型，划分得到 481 单元，500 节点（图 4 - 4b），过盈面采用切向罚函数来描述摩擦行为，摩擦系数设为 0.1。

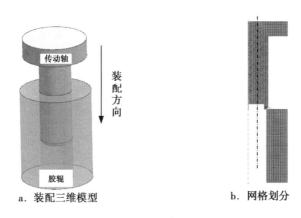

a. 装配三维模型　　　　　　　　　　b. 网格划分

图 4 - 4　前处理

Fig. 4 - 4　preprocessing

4.3.2　边界条件

　　胶辊为对称模型，采用二维模型进行仿真研究。

　　最小过盈量静力学仿真边界条件：根据式（4 - 4）所得传递扭矩 T，最小接触压力力载荷为 1.269MPa，将此载荷施加在胶辊过盈接触面上，对花丝接触面施加完全固定约束，上下端施加 X 方向固定约束（图 4 - 5）。

最大过盈量动态仿真边界条件：对传动轴中心面约束横向与旋转自由度，保留向下自由度，由于本仿真中过盈较大，橡胶变形较大，为保证收敛，在传动轴末端设置倒角（图 4 - 4b），且对整个传动轴按两次施加位移约束，首次施加位移量为倒角长度，再次施加为剩余胶辊接触长度。在胶辊的过盈接触面留有横向自由度，两端面施加纵向约束。所选胶辊的工作面为 20mm × 25mm，花丝长度与宽度 25 × 2mm，所以胶辊的实际工作接触面为 25 × 2mm，由式（4 - 1）所得的 $F_N = 50N$，可求出胶辊实际工作接触面施加载荷 1MPa，在红花采收机实际工作过程中，需逐一对准花丝，所以胶辊并非连续接触花丝，及所施加载荷为周期载荷，时间间隔为 0.5s（图 4 - 5b）。

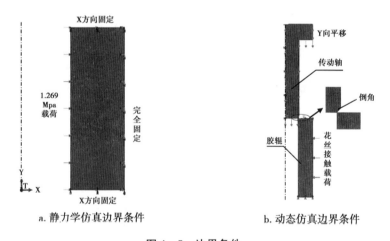

a. 静力学仿真边界条件　　　b. 动态仿真边界条件

图 4 - 5　边界条件

Fig. 4 - 5　Boundary condition

4.4　仿真结果分析

4.4.1　最小过盈量分析

对胶辊施加过盈接触载荷后，位移量由胶辊过盈侧至最外边缘逐渐减小，胶辊发生应变是由近及远减小，所以最大位移量出现在过盈面上，在上下端面存在约束引起的的 Y 向位移，本文不作为研究对象，仿真中得出过盈面上最大位移量 0.000505m，为方便仿真分析和试验取值，取整为 0.0005m。所施加载荷为胶辊面对钢轴产生最小接触压力载荷为 1.269MPa（图 4 - 6），在此载荷下才能保证工作时胶辊相对传动轴无相对滑移，加载此载荷后，胶辊所产生的位移量为不产生相对滑移的最小位移量，即为胶辊与传动轴最小过盈量。

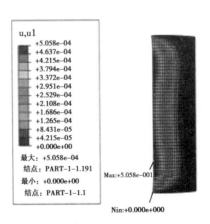

图 4 - 6　施加载荷 1. 269MPa 胶辊位移

FIg. 4 - 6　Load displacement diagram of 1. 269MPa rollers

4.4.2 最大过盈量分析

当胶辊外边缘过盈载荷等于花丝接触载荷时，胶辊产生极小应变或应变为 0。胶辊工作时由于无"弹性"，花丝容易被撕碎，不能保证采收质量。此时，胶辊与传动轴的装配过盈量为最大过盈量。

由静力学分析得最小过盈量为 0.5mm，按装配过盈量为 0.5mm 进行过盈过程仿真，完全过盈后得接触面中间节点位移量为 0.233256mm，加载花丝接触载荷后，该节点位移量为 0.219257mm，则施加载荷与未施加载荷位移之差 0.013999mm（图 4 - 7、图 4 - 8），即工作时花丝与胶辊的接触面的回弹位移量，此时，花丝接触载荷大于过盈载荷，花丝所产生应变还没达到花丝断裂极限，即花丝与胶辊胶辊接触面的反作用力可保证花丝中端不被撕碎，保证花丝质量。

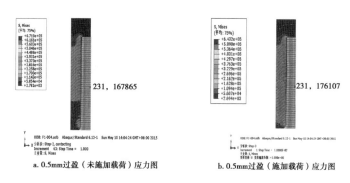

a. 0.5mm过盈（未施加载荷）应力图   b. 0.5mm过盈（施加载荷）应力图

图 4 - 7　应力云

Fig. 4 - 7　Stress nephogram

由过盈量为 0.5mm 时仿真分析得，此时胶辊外边缘花丝接触载荷大于过盈接触载荷，当花丝接触载荷与过盈载荷相近时，胶辊所发生的回弹位移会很小，从而花丝受到挤压产生较大应

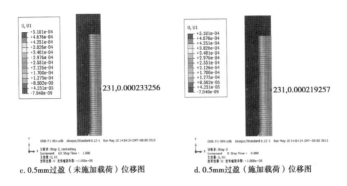

c. 0.5mm过盈（未施加载荷）位移图   d. 0.5mm过盈（施加载荷）位移图

图 4 - 8　位移云

Fig. 4 - 8　Displacement contour

变，超过花丝材料的断裂极限，此时花丝被撕碎，采收质量不符合要求。在仿真中增大花丝与传动轴的过盈量，在保证仿真设置条件不变，按 0.1mm 等梯度改变过盈量大小，得到不同工作面位移（图 4 - 9）。

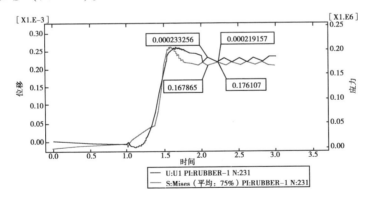

图 4 - 9　0.5mm 过盈装配应力位移与时间曲线

Fig. 4 - 9　Stress displacement and time curve of

0.5mm interference fit

由图 4 - 10 知，随着过盈量的增大，橡胶产生位移不断增大，同时，未施加载荷位移和施加载荷位移之差不断减少，即胶辊回弹位移不断减少；当过盈量达到 1.5mm，未施加载荷时，工作面位移量 0.674556mm，施加工作载荷时，节点位移变化量为 0.674450mm，所得胶辊回弹位移为 0.000106mm，可视为胶辊工作面位移无明显变化；由图 4 - 11 可得在过盈量达到 1.5mm 时，胶辊过盈面接触载荷为 2.3483MPa。将已知参数带入公式，可得 $q_1 = 2.505q_2$，$q_1 = 2.505$MPa，仿真所求结果基本一致，验证了仿真的正确性。

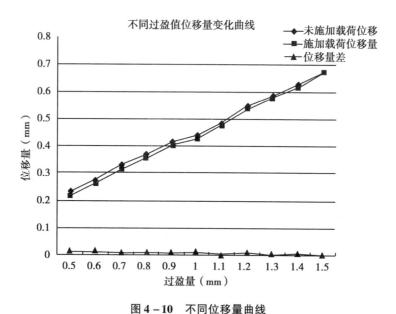

图 4 - 10　不同位移量曲线

Fig. 4 - 10　Difference curves of different interference

试验通过制造并装配过盈量为 0.1mm - 2mm 传动轴与胶辊（图 4 - 11），胶辊尺寸为不变参数，传动轴尺寸按 0.1mm 等梯

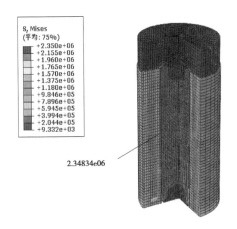

图 4 - 11 过盈量 1. 5mm 胶辊应力云

Fig. 4 - 11 The amount of interference cots

1. 5mm stress nephogram of rollers

度配合，试验得，装配过盈量在 0. 1 ~ 0. 5mm 时，胶辊在工作时上有打滑现象，大于 0. 5mm 后打滑现象消失。经田间试验，装配过盈大于 1. 4mm 时，采摘下花丝有碎花率达 60% ，不符合收获标准。该设计结果与田间试验结果基本一致，证实该设计结果的正确性。

5 背负式红花收获机跌落仿真分析

背负式红花收获机在田间使用时出现跌落主要集中在两大环节下，一是采摘工作准备阶段，即启动汽油机到完全将整体背起、手持系统准备采摘，这个环节常因使用者疏忽或其他意外情况造成背负式红花收获机跌落；另一种是在采摘过程中出现跌落，主要是由于红花植株的高低、幅宽、果球分布高低不一等红花植株特性影响着采摘红花时的操作姿态，如手持系统的采花角度及采花工的身体姿态，从而决定了手持系统及背负系统的跌落方向及跌落部位。

对于背负式红花收获机遭受跌落冲击出现的损坏可能主要有以下两种：

（1）冲击过载损坏。像背负式红花收获机的手持系统外壳为塑性材料，当瞬态冲击载荷超过了外壳材料的屈服强度后产生塑性变形，造成外壳出现凹陷、裂缝情况。对于部分脆性材料的部件如背负系统的风机主轴来说，当冲击引起的拉力过大，超过材料的抗拉强度极限后，会出现裂纹甚至断裂的情况。

（2）过度变形。有些零部件受到的跌落冲击力即使没有超过强度水平，如果仅产生过大变形，超过结构设计允许的公差范围，则将会引起相邻部件出现应力集中或装配关系紊乱或错位，从而导致背负式红花收获机损坏甚至报废。如手持系统的胶辊在跌落时受到外界的作用力虽然远远小于其屈服强度，但与之紧密配合的齿轮、轴、轴承等结构出现松动或较大变形，引起相邻部件则会造成胶辊工作间隙超过所允许的范围，同样会造成跌落后的背负式红花收获机失效。

本章分别对背负系统、手持系统进行跌落仿真分析，得到关键部件在不同跌落姿态跌落下的最大等效应力、应变。结合背负式红花收获机跌落损坏的评判参数，判断是否达到损坏，并找出损坏部件的薄弱部位，分析其产生的原因，为背负式红花收获机的后续优化设计提供了改进依据。

5.1　显式动力分析理论基础

显式算法和隐式算法只是从数学的求解方法上不同，求解问题的方式不一样，根据实际问题的不同，所采用的求解算法也不一样。显式求解的思路是从时间上进行差分计算的，所以在完成收敛时，可以顺利完成，只是划分网格的尺寸大小和运算步数影响着运算时间，网格越细步数越多，收敛的时间花费也越多，但肯定可以完成收敛。隐式算法采用的牛顿迭代方法，相对于每次求解增量步时，都要求解大量的线性方程组。所以，一般情况下采用显式算法求解与时间有关的运动学问题，隐式算法多分析静力学问题，当然隐式算法也可以求解运动学问题，但是收敛难度更大，收敛时间更长。本文研究的跌落碰撞是和时间有关的问题，因此采用显式算法具有更高的效率。

本课题研究背负式红花收获机跌落冲击动力学行为，是基ABAQUS/explicit软件实现的，所应用到的理论基础是显式动力分析理论和中心差分法。手持系统和背负系统的跌落发生在极短的时间里，出现的一系列复杂非线性动态响应过程是在剧烈的碰撞冲击动态载荷的作用下产生的，因此在整个系统跌落过程中同时还存在着接触非线性、材料非线性以及几何非线性。因此对背负式红花收获机的跌落过程进行数值模拟分析时通常都采用显式积分算法。

将运动微分方程：

$$Ma_n + Cv_n + Kd_n = F_n^{ext} \qquad (5-1)$$

改写成：

$$Ma_n = F_n^{ext} - F_n^{int} \qquad (5-2)$$

加速度由公式（2-10）求出：

$$a_n = M^{-1}F_n^{restdual} \qquad (5-3)$$

其中，F_n^{ext} 为外力载荷矢量；F_n^{int} 为内力载荷矢量，且 $F^{int} = Cv_n + Kd_n$；

$F_n^{restdual}$ 为剩余力矢量且 $F_n^{restdual} = F^{est} - F^{int}$；$M$ 为质量矩阵。

如果 M 为一对角阵，加速度可以由线性方程组成的一系列各个自由度的独立的一元一次方程求出：

$$a_n = F_n^{restdual}/M_i \qquad (5-4)$$

采用中心差分法的具体求解过程如下：

$$\{v_{n+1/2}\} = \{v_{n-1/2}\} + \{a_n\}(\Delta t_{n+1/2} + \Delta t_{n-1/2})/2$$
$$\{d_{n+1}\} = \{d\} + \{v_{n+1/2}\} \cdot \Delta t_{n+1/2} \qquad (5-5)$$
$$\Delta t_{n+1/2} = (\Delta t + \Delta t_{n+1})/2$$

在整个跌落碰撞过程中，每个离散时间点出的位移、速度、加速度都可以由上述三条积分递推公式求出。而显式积分算法和其他计算方法相比不同之处在于：显示积分算法相对简单，不存在收敛性的问题，并且不需要进行矩阵分解或求逆，同时省去联立的方程组的复杂步骤。其具有较好的稳定性能，通过自动控制计算步长的大小来保证积分运算的效率。这样背负式红花收获机跌落碰撞的有限元分析的整个算法就可以通过碰撞运动方程、中心差分法等理论构建。

在 ABAQUS/explicit 中的具体程序的流程图如图 5-1 所示。

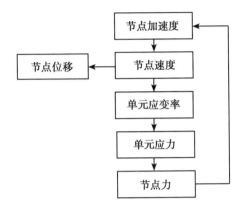

图 5 - 1　显式时间积分单位时间步长内的分析流程

Fig. 5 - 1　Flow chart of the explicit time integration unit within the time step

5.2　背负式红花收获机有限元模型的建立

　　一个相对完整的计算机仿真过程，通常情况下是由前处理、提交计算机和后处理三部分组成。而前处理则是耗时最长、工作效率最低的处理过程，它主要包括三维模型建立、网格划分、材料参数设置、边界条件设定、载荷约束及处理等。本文的三维建模则使用强大的三维建模软件 Solidworks，网格划分则采用强大的前处理软件 ANSA，材料、边界及载荷等则在 ABAQUS 中设置，最后将设置好的模型提交给 ABAQUS 然后创建 Job 进行分析。而 ABAQUS 后处理功能可以完全满足本次的数值仿真模拟，因此后处理也是在 ABAQUS 软件中进行。整个仿真模拟过程的示意图如图 5 - 2 所示。

　　（1）实体模型建立：为了较为真实地模拟背负式红花收获

机的跌落冲击过程，建立详细和准确的整机有限元模型是很有必要的，本文中利用三维软件 Solidworks 建立背负式红花收获机的三维实体模型。由于整机结构比较复杂，零件较多，因此对较为复杂且对结果影响不大的风机、汽油机等部件进行简化，去除小倒角、一些小曲面造型、螺钉、接口、轴套等对结果无影响的小部件，由于整机的一些关键部件如背负系统的定位板、安装板非常重要，为了保证分析结果的精确性，本文中对定位板、安装板不作任何简化，简化后的背负式红花收获机实体模型如图 5－3 所示。

图 5－2　模拟分析流程

Fig. 5－2　The flow chart of simulation

（2）网格划分及单元选取：根据网格划分原则，对背负系统采用自动划分网格法，将模型划分为 162 091 个节点，包含 155 221 个单元，其中 S4 类型的单元 729 个，S4R 类型的单元 1 373 个，S3R 类型的单元 120 个，C3D8 类型的单元 98 801 个，C3D6 类型的单元 5 961 个，C3D4 类型的单元 48 237 个。建立后

的背负系统有限元模型如图 5 – 4a 所示。

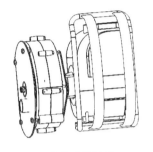
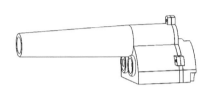

a. 背负系统模型   b. 手持系统模型

图 5 – 3   背负式红花收获机背负系统、手持系统实体模型

Fig. 5 – 3   **The solid model of Knapsack safflower harvester'**
           suspension system and hand-held system

a. 背负系统有限原模型   b. 手持系统有限元模型

图 5 – 4   背负系统、手持系统有限元模型

Fig. 5 – 4   **The finite element model of suspension**
           system and hand-held system

手持系统有限元模型（图 5 – 4b）所示，共计节点 34 327
个，划分单元 42 002 个，其中 C3D8 单元 21 873 个、C3D6 单元
12 个、C3D4 单元 20 117 个。

（3）定义材料属性：在选择材料数学模型时，需要注意一下几个原则：

①在做模型跌落分析时，考虑主跌落面，采用具有屈服特性的材料模型，如双线性随动硬化材料模型；

②在跌落过程中其他的一些外部零件，塑性变形量比较小，但可以通过弹性变形吸收能量则采用线弹性材料模型；

③产品内部的一些零件在整个跌落过程中几乎不发生变形，且材料刚度比较大，可以采用刚性体模型。

背负式红花收获机主要由铝（380）、45#钢、铸铁、PP、POM、PVC 塑料等材料的部件组成，将在跌落过程中易产生变形或损坏的结构、受冲击间接遭到破坏的结构等均采用双线性随动硬化材料作为数学模型定义属性进行计算处理。而对于不易变形的结构可视为刚性体对象进行处理，除此之外其他结构定义为线弹性材料模型。背负式红花收获机整体模型材料参数如下表 5 – 1所示。

表 5 – 1 背负式红花收获机整体模型材料参数
Tab. 5 – 1 The material parameters of Knapsack safflower harvester

零件	型号	弹性模量（MPa）	泊松比	质量密度（t/mm³）	屈服强度（MPa）	断裂应变
风机外壳	PP – TC15G（85）	1 200.00	0.34	9.68E – 10	30.18	85%
叶轮	PP_ 36370	2 857.70	0.35	1.12E – 09	45.00	5%
接口	PVC SIM 7029	5 512.0	0.34	1.30E – 09	100.00	175%
定位板、安装板	Al 380 Alloy	71 000.0	0.33	2.76E – 09	159.00	3%
轴承座	铸铁	/	/	/	/	/
轴、轴套	45#钢	/	0.31	7.85E – 09	335	16%
手持系统外壳	PP – 35090	960	0.387	9.00E – 10	24	>100
齿轮	POM	2600	0.04	1.39E – 09	70	15
胶辊	橡胶	3.635E + 06	0.45	1.17E – 09	/	>100

在 *Property* 模块中对背负式红花收获机各部分定义材料属性时，由于 *ABAQUS* 中的量是没有单位的，因此应该保证量纲的统一。可以使用 m、kg、N、s 等国际单位，应力的单位是 N/m^2（即 Pa），密度单位是 kg/m^3。由于手持系统模型在 *Solidworks* 中建立时的长度单位设置为 mm，则在 *ABAQUS* 中的密度单位须使用 t/mm^3，因此 PP_ 35090（改性聚丙烯）的密度单位为 9×10^{-10} t/mm^3。

5.3　跌落参数设置

本文研究的背负式红花收获机属于便携式工具，根据相关业界标准规定，小型便携式产品的跌落试验高度为：本文中选择跌落高度为 1 200 mm，只受重力作用，无初速度释放作自由落体运动。

通常在软件中按照实际的跌落高度进行模拟将会耗费大量的时间，因此结合相关经验在模拟时可以忽略在实际高度下的下落过程，仿真模拟条件设为：跌落高度为 3 mm，初速度根据 $h = \dfrac{v^2}{2g}$，其中重力加速度值为 9 806.6 mm/s^2，经过计算得出 $v = 4\,845$ mm/s，即等效成 5 mm、初速度为 $-4\,845$ mm/s 的跌落。由于跌落碰撞瞬间完成，作用时间极短，因此结合对产品进行跌落仿真分析的丰富经验，此处计算终止时间设为 0.01 s 即 10 ms 比较合适，并分 10 步完成。这个过程既可以完整展现跌落过程，又恰恰是其跌落弹起刚刚离开地面，既浪费时间又可以模拟全过程。

首先定义了地面、整机的约束。地面采用全约束即限定了地面的六个方向的自由度。最后在背负系统和手持系统所有节点上均定义了初速度，初速度值为 4 845 mm/s，方向沿 Y 轴竖直向下。手持系统和背负系统边界条件如图 5 - 5 所示。

 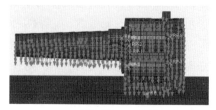

a. 背负系统边界条件　　　　　　b. 手持系统边界条件

图 5 - 5　背负系统、手持系统边界条件

Fig. 5 - 5　The boundary condition of hand-held system
and suspension system

5.4　手持系统不同姿态下跌落仿真分析

根据实际工况分别对手持系统不同姿态跌落进行仿真分析，手持系统正面垂直跌落，手持系统前部垂直跌落，手持系统背部垂直跌落，手持系统前部与地面成30°角跌落，手持系统侧面与地面垂直跌落。得到了手持系统各部件跌落碰撞地面时的最大等效应力、应变及对辊间隙相对位移。

（1）手持系统前部垂直跌落：手持系统前部垂直跌落实体模型及有限元模型如图 5 - 6 所示。

手持系统前部垂直跌落时，仿真分析结果如图 5 - 7：由齿轮盖最大等效应力云图（图 5 - 7a）和最大等效应力云图（图 5 - 7b）可知，齿轮盖在 $t = 6.0007 \times 10^{-4}$ s 时，其上边缘弧面处及凹处的角边缘位置产生最大等效应力为 29.2MPa；在 $t = 9.0008 \times 10^{-4}$ s 时上端凹处的角边缘位置产生最大等效塑变 1.079%。

由前端盖最大应力云图（图 5 - 7 c）和最大等效应变云图

（图 5 – 7 d）可知，在跌落第 $t = 1.7 \times 10^{-3}$ s 时，前端盖轴承座孔处产生最大等效应力为 29.79MPa；在 $t = 6.0007 \times 10^{-4}$ s 时在其轴承孔处产生最大等效塑性应变 1.83%。

a. 手持系统实体模型前部垂直跌落　　b. 手持系统有限元模型前部垂直跌落

图 5 – 6　手持系统前部垂直跌落实体模型及有限元模型

Fig. 5 – 6　The front of hand-held system vertical drop of the finite element model and solid model

由手柄外壳最大等效应力云图（图 5 – 7 a）和最大等效应变云图（图 5 – 7 b）可知，在跌落 $t = 1.4001 \times 10^{-3}$ s 时，手柄外壳产生的最大等效应力 29.40MPa；主要集中在与软轴连接轴的轴承座孔边缘，等效应变也集中在轴承座孔边缘，为 0.3505%。

这 3 个部件均为 PP – 35090，屈服强度为 24MPa，通过上述分析三者都超过了材料的屈服强度，在最大等效应力部位发生破裂，并且均产生了塑性变形。

在手持系统撞击地面时最先承受冲力的是齿轮，由齿轮最大等效应力云图（图 5 –7g）可知，在 $t = 1.0007 \times 10^{-4}$ s 时，由于齿轮与轴的碰撞在齿轮内圈产生最大等效应力，应力值为 296.3MPa，远远超过了齿轮的屈服强度 70MPa，造成齿轮严重破损，使整个手持系统的传动瘫痪。

由胶辊相对位移图（图 5 – 7h）可知，由于前端盖、手柄

a. 齿轮盖最大等效应力云图　　　　　b. 齿轮盖最大等效应变云图

c. 前端盖最大等效应力云图　　　　　d. 前端盖最大等效应变云图

e. 手柄外壳最大等效应力云图　　　　f. 手柄外壳最大等效应变云图

g. 齿轮最大等效应力云图　　　　　　h. 对辊间隙相对位移

图 5-7　手持系统前部垂直跌落最大等效应力、
应变云图、对辊间隙位移

Fig. 5-7　Maximum effective stress-strain and roller clearance
of the front of hand-held system vertical drop

外壳轴承座孔处破损，使轴承与轴、齿轮与齿轮之间出现松动，造成胶辊出现 0.62mm 的相对位移，对辊间隙变为 1.12mm，超过了对辊间隙正常范围 0.4~0.6mm，引起成采摘系统完全失效，不能达到背负式红花收获机的性能参数指标。

由上述分析可以看出，在本工况下跌落，手持系统会遭到严重破坏，但而前端盖、手柄外壳轴承座孔处一旦发生破损就会造成手持系统内部部件装配关系紊乱，对对辊间隙产生很大影响。因此应加强前端盖、手柄外壳的强度。为避免齿轮遭受直接的跌落冲击，应考虑齿轮的安装位置。

（2）手持系统前部与地面成 30°角跌落：手持系统前部与地面成 30°角跌落实体模型及有限元模型如图 5-8 所示。

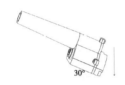

a. 手持系统前部与地面30°角跌落　　　b. 手持系统前部与地面30°角跌落
　　实体模型　　　　　　　　　　　　　　　有限元模型

图 5-8　手持系统前部与地面成 30°角跌落实体模型及有限元模型
Fig. 5-8　The front of hand-held system side 30 degrees with the
ground drop of the finite element model and solid model

手持系统前部与地面成 30°角跌落时，仿真分析结果如 5-9 所示：当手持系统前部与地面成 30°角跌落时，手持系统的齿轮盖下表面边缘最先接触地面，由齿轮盖最大等效应力云图（图 5-9a）和最大等效应力云图（图 5-9b）可知，当 $t = 2.0001 \times 10^{-3}$ s 时，齿轮盖下表面边缘两侧产生最大应力为 47.8MPa；$t = 7.0015 \times 10^{-4}$ s 时，齿轮盖下表面边缘两侧最大等效应变为 40.06%。由此可以看出，齿轮盖在跌落时的冲击载荷

a. 齿轮盖最大等效应力云图　　b. 齿轮盖最大等效应变云图

c. 前端盖最大等效应力云图　　d. 前端盖最大等效应变云图

e. 前端盖最大等效应力云图　　f. 前端盖最大等效应变云图

g. 齿轮最大等效应力云图　　h. 对辊间隙相对位移

图 5 - 9　手持系统前部与地面成 30°角跌落的最大等效应力、
应变云图、对辊间隙位移

Fig. 5 - 9　Maximum effective stress-strain and roller clearance of
the front of hand-held system side 30 degrees with the ground drop

远远超过了材料屈服强度，发生了产生破损。

手持系统掉落过程中重心前倾，胶辊、轴及轴承对前端盖的轴承孔产生了较大的冲击力，由前端盖最大等效应力云图（图5-9c）和最大等效应变云图（图5-9d）可知，当 $t=1.4002\times10^{-3}s$，前端盖轴承座孔下边缘位置出现最大应力，应力值为38.02MPa；在 $t=8.0012\times10^{-4}s$ 时在同样位置出现最大等效应变，最大等效应变4.32%，由于超过了材料的屈服强度，此时前端盖轴承孔处出现破损。

由手柄外壳最大等效应力云图（图5-9e）和最大等效应变云图（图5-9f）可知，$t=8.0012\times10^{-4}s$，手柄外壳的轴承座边缘及外壳两侧的前端处应力产生最大等效应力为20.09MPa，手柄外壳等效塑性应变为0，此时相对于前面两个部件来说，手柄外壳相对安全，由于倾斜掉落，重力主要集中在前端部分，因此手柄外壳没有发生塑性变形，可以保证使用要求。

由齿轮应力云图（图5-9g）所示，手持系统倾斜向下跌落时，齿轮靠近地面齿遭受了剧烈的冲击载荷，此时齿轮下方的齿产生最大等效应力285.4MPa，远远超过了齿轮材料的屈服强度70MPa，造成齿断裂，从而不能正常传递动力。

由胶辊相对位移云图（图5-9h）可知，由于前端盖轴承处破损，导致轴承松动或异位，造成轴及齿轮产生窜动，从而造成手持系统跌落后胶辊的相对位移1.88mm，最终胶辊间隙为2.38mm，可见前端盖的破损严重影响整个手持系统正常运转。

根据以上分析可以发现，此工况下对整个手持系统影响最明显的为齿轮、前端盖。综合来看，前端盖为掉落过程中冲击力最要承载部件，是薄弱部件，齿轮作为传动部件受强烈的冲击而造成整个系统失效，亦是薄弱点，因此需要后续对其进行优化。

（3）手持系统水平跌落：手持系统水平跌落实体模型及有

限元模型如图 5 – 10 所示。

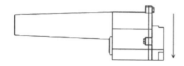 

a. 手持系统实体模型正面垂直跌落　　b. 手持系统有限元模型垂直跌落

图 5 – 10　手持系统正面垂直跌落实体模型及有限元模型

Fig. 5 – 10　The hand-held system vertical drop of the finite element model and solid model

　　手持系统正面垂直跌落时，仿真分析结果由 5 – 11 可知，当手柄水平掉落时，手持系统的下边缘最先着地，由齿轮盖最大等效应力云图（图 5 – 11a）和最大等效应变云图（图 5 – 11b）可知，当 $t = 1.3 \times 10^{-3}$ s 时，齿轮盖下表面边缘产生最大应力，为 40. 82MPa，最大等效应变为 10. 24%，由此可以看出，齿轮盖在跌落过程中发生了塑性变形，并且应力超过了材料允许的极限值，造成了齿轮盖破裂。

　　由前端盖最大等效应力云图（图 5 – 11c）和最大等效应变云图（图 5 – 11d）可知，当 $t = 7.2001 \times 10^{-3}$ s 时，前端盖下边缘两角处产生应力集中，最大应力值为 22. 91MPa，没有超过材料所允许的应力最大值 24MPa，等效应变为 0，可见在这个工况下前端盖是相对安全的。

　　由手柄外壳最大等效应力云图（图 5 – 11e）和最大等效应变云图（图 5 – 11f）可知，由于手持系统水平跌落过程中胶辊、轴、轴承等部件对手柄外壳的轴承孔处有较大的冲击，当 $t = 1.6001 \times 10^{-3}$ s 时，手柄外壳的轴承座下边缘处应力产生最大等效应力为 35. 79MPa，手柄外壳等效塑性应变为 5. 193%，由此可见手柄也发生了塑性变形。

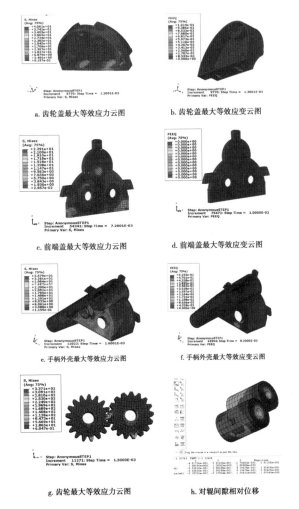

a. 齿轮盖最大等效应力云图   b. 齿轮盖最大等效应变云图

c. 前端盖最大等效应力云图   d. 前端盖最大等效应变云图

e. 手柄外壳最大等效应力云图   f. 手柄外壳最大等效应变云图

g. 齿轮最大等效应力云图   h. 对辊间隙相对位移

图 5 – 11　手持系统正面垂直跌落最大等效应力、

应变云图、对辊间隙位移

Fig. 5 – 11　Maximum effective stress-strain and roller clearance

of the hand-held system vertical drop

由齿轮最大等效应力云图（图5-11g）可知，齿轮在靠近地面的齿上产生应力集中，最大等效应力为337.1MPa，这是由于齿轮盖破裂齿轮直接接触地面受到剧烈的冲击力遭到破坏，引起齿轮失效。

由胶辊位移相对位移云图（图5-11h）可知，由于手柄外壳的轴承孔处发生破损及塑性变形，引起了胶辊位置出现偏差，跌落后对辊间隙相对位移为1.099mm，此时对辊间隙为1.599mm超过正常范围，意味着手持系统已经失效。

根据以上分析可以发现，此工况下应尽量避免手柄外壳轴承座孔处的应力集中。

（4）手持系统左侧面水平跌落：手持系统左侧面水平跌落实体模型及有限元模型如图5-12所示。

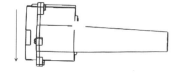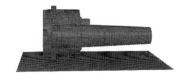

a. 手持系统左侧垂直跌落实体模型　　b. 手持系统左侧面垂直跌落有限元模型

图5-12　手持系统左侧面垂直跌落实体模型及有限元模型

**Fig. 5-12　The left side of hand-held system vertical drop of
the finite element model and solid model**

此工况为手持系统水平侧水平跌落时，仿真结果如图5-13所示：由齿轮盖最大等效应力云图（图5-13a）和最大等效应变云图（图5-13b）可知，$t = 1.2001 \times 10^{-3}$s时，最大应力集中发生在齿轮盖左侧内边缘，最大值为17.22MPa，没有超过材料所允许的屈服强度，最大等效应变为0，因此齿轮盖没有发生塑性变形，在跌落过程中齿轮盖可以达到使用要求。

由前端盖最大等效应力云图（图5-13c）和最大等效应

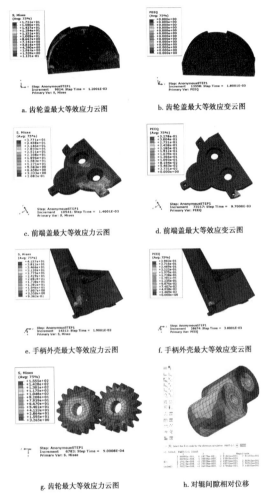

a. 齿轮盖最大等效应力云图　　b. 齿轮盖最大等效应变云图

c. 前端盖最大等效应力云图　　d. 前端盖最大等效应变云图

e. 手柄外壳最大等效应力云图　　f. 手柄外壳最大等效应变云图

g. 齿轮最大等效应力云图　　h. 对辊间隙相对位移

图 5 – 13　手持系统左侧垂直跌落最大等效应力、
应变云图、对辊间隙位移

Fig. 5 – 13　Maximum effective stress-strain and roller clearance
of the left side of hand-held system vertical drop

变云图（图 5 – 13d）、手柄外壳最大应力云图（图 5 – 13e）和最大等效应变云图（图 5 – 13d）所示，由于手持系统左侧水平掉落，前端盖及手柄外壳左端的凸耳最先着地，承受了较大的冲击力，在 $t = 1.4001 \times 10^{-3}$ s 时，前端盖及手柄外壳左端凸出耳处同时出现最大应力，应力值分别为 27.71MPa、41.57MPa，最大等效应变分别为 32.78%、29.63%。结合两者的材料，二者的最大应力值均超过了材料的屈服强度，均发生了较为明显的塑性变形，有破损的危险。实际调查发现，此种工况在工作中使用或运输过程中出现相对较多，并且实际中出现的状况多为侧面凸出耳出现裂纹甚至直接断裂，由于整个手持系统追求轻便化设计，因此整个系统结构相对紧凑，一旦出现此种状况将会造成整个手持系统内部的胶辊、轴承、齿轮等传动部件松动，致使整个传动系统空转或停滞等紊乱现象；有齿轮最大等效应力云图（图 5 – 13g）可知，齿轮在内边缘产生的最大等效应变为 155.5MPa，超过了齿轮材料屈服强度 70MPa，出现破损现象。

由胶辊相对位移云图（图 5 – 13h）可知，胶辊的相对位移为 3.45mm，对辊间隙变为 3.95mm 远远超过了对辊间隙的合理范围，跟实际出现的现象相一致。

综上分析，前端盖与手柄外壳的凸耳结构为薄弱部位，因此在设计优化时要注意减少整个手持系统小而凸出的结构，比如可以考虑去除凸耳寻找其他固定夹紧结构，来缓解手持系统水平侧跌落时造成的严重问题。

（5）手持系统背部水平跌落：手持系统背部水平跌落实体模型及有限元模型如图 5 – 14 所示。

由于手持系统前端较重，背部水平跌落时其前端先着地，即手柄外壳与前端盖凸出位置为开始着地点，其跌落过程的应力应变云图如图 5 – 15 所示。

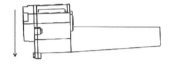

a. 手持系统实体模型背部垂直跌落　　　　b. 手持系统有限元模型背部垂直跌落

图 5 – 14　手持系统背部垂直跌落实体模型及有限元模型

Fig. 5 – 14　The back of hand-held system vertical drop of the finite element model and solid model

由齿轮盖最大等效应力云图（图 5 – 15a）和最大等效应变云图（图 5 – 15b）可知，齿轮盖的最大应力为 18.0MPa，没有超过材料的屈服强度，其等效应变量为 0，说明手持系统这种姿态掉落时齿轮盖是安全的；由前端盖最大等效应力云图（图 5 – 15c）和最大等效应变云图（图 5 – 15d）可知，前端盖最大应力为 41.7MPa，等效应变为 37.8%，超过了材料的屈服强度 24MPa，屈服部位主要集中在最上端的凸出部位；由手柄外壳最大等效应力云图（图 5 – 15e）和最大等效应力云图（图 5 – 15f）可知，手柄外壳主要在手柄外壳最上端的凸出部位产生应力集中，最大应力为 36.3MPa，等效应变为 19.1%，超过了材料的屈服强度，上端凸耳发生断裂。由齿轮最大等效应力云图（图 5 – 15g）可知，齿轮内圈由轴的冲击作用产生应力集中，最大等效应力为 97.9MPa，超过材料的屈服强度，发生破裂。

由此可见，手持系统背部水平跌落时，产生塑性变形较为明显的主要是前端盖和手柄外壳两个部件，均发生破损，在实际使用多次跌落会造成塑性变形部位直接断裂。由于手持系统追求人性化设计，其内部结构极其紧凑，当手柄外壳与前端盖上部连接部位出现塑性变形，将会使前端盖内的轴承与前端盖配合出现松

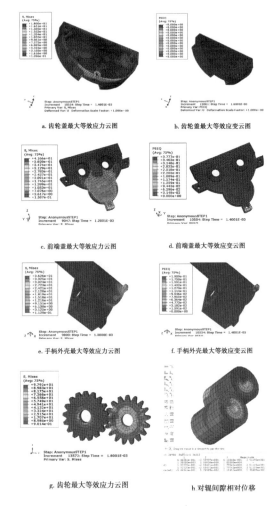

a. 齿轮盖最大等效应力云图　　b. 齿轮盖最大等效应变云图

c. 前端盖最大等效应力云图　　d. 前端盖最大等效应变云图

e. 手柄外壳最大等效应力云图　　f. 手柄外壳最大等效应变云图

g. 齿轮最大等效应力云图　　h. 对辊间隙相对位移

图 5 - 15　手持系统背部垂直跌落最大等效应力、
应变云图、对辊间隙位移

Fig. 5 – 15　Maximum effective stress-strain and roller clearance
of the back of hand-held system vertical drop

动，导致胶辊不能够正常转动甚至停止。另一方面，在工作过程中轴的转速较快，最低为 5 000r/min，极易造成轴与轴承窜动甚至脱离。由胶辊相对位移云图（图 5 - 15h）可知，跌落后对辊间隙为 1.805mm，装配体已经出现松动，并且强烈的挣脱力使前端盖与手柄外壳连接部位张力增大而开裂，从而使整个连接部位破裂，严重损坏手持系统。

综上分析，在五种跌落工况下，手柄外壳、前端盖、齿轮三个主要部件均出现的破损现象严重，主要集中在凸耳处产生破损，从而造成各部件的装配松动、错位，致使对辊间隙增大，即使手持系统外壳没有破损，对辊间隙远远超过合理范围使整个手持系统失效。因此手柄外壳、前端盖的凸耳为重点优化改进的部件，齿轮的安装部位应远离直接接触地面位置。手持系统五种跌落姿态应力如表 5 - 2 所示。

表 5 - 2　不同姿态下跌落姿态应力、对辊间隙数据统计

Tab. 5 - 2　The statistics data ofstress and roller clearance in different drop postures

	前部垂直跌落		前部与地面成30°角跌落		水平跌落		左侧面水平跌落		背部水平跌落	
	最大应力(MPa)	是否破损	最大应力(MPa)	是否破损	最大应力(MPa)	是否破损	最大应力(MPa)	是否破损	最大应力(MPa)	是否破损
手柄外壳	31.48	是	20.09	否	35.79	是	41.57	是	36.3	是
前端盖	29.79	是	38.02	是	22.91	否	27.71	是	41.7	是
齿轮盖	29.20	是	47.8	是	40.82	是	17.22	否	18.0	否
齿轮	296.3	是	285.4	是	337.1	是	155.2	是	97.92	是
胶辊间隙	1.124mm		2.378mm		1.599mm		3.951mm		1.805mm	

5.5　背负系统不同姿态下跌落仿真分析

（1）背负系统风机侧面垂直跌落：背负系统风机侧面垂直跌落实体模型及有限元模型如图 5 – 16 所示。

a.背负系统风机侧面垂直跌落实体模型　　　b.背负系统风机侧面垂直跌落有限元模型

图 5 – 16　背负系统风机侧面垂直跌落实体模型及有限元模型

Fig. 5 – 16　The side of suspension system vertical drop

of the finite element model and solid mode

背负系统风机侧面垂直跌落时，仿真分析结果如图 5 – 17 所示：跌落后安装板首先与地面碰撞，由定位板最大等效应力云图（图 5 – 17a）和最大等效应变云图（图 5 – 17b）可知，在 $t = 1.5 \times 10^{-3}$ s 时安装板螺栓孔处等效应力达到最大值 395.3MPa，等效塑性变形为 1.83%；由安装板最大等效应力云图（图 5 – 17c）和最大等效应变云图（图 5 – 17d）可知，在 $t = 2.65 \times 10^{-3}$ s 时，定位板的左下方螺栓孔由于汽油机在跌落时较大的压力出现最大等效应力，应力值为 285MPa，等效塑性变形 1.429%。这两个部件最大应力值均超过了材料铝的屈服强度 159.00MPa，定位板、安装板均是螺栓孔处产生了严重的破坏，影响背负系统结构的稳定性。因此在此种工况下应对冲击严重的安装板、定位板加大对的保护。由风机动力输出轴最大等效应力云图（图5 – 17e）可知，由于汽油机与风机的重心不平行且汽

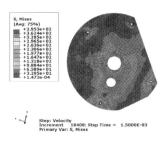

a. 安装板最大等效应力云图

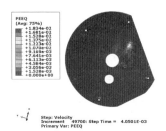

b. 安装板最大等效应变云图

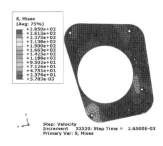

c. 定位板最大等效应力云图

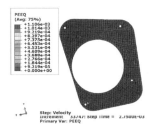

d. 定位板最大等效应变云图

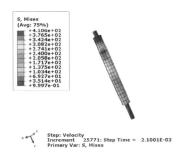

e. 风机动力输出轴最大等效应力云图

图 5 - 17 背负系统垂直跌落最大等效应力、应变云

Fig. 5 - 17 Maximum effective stress-strain of The side

of suspension system vertical drop

油机较重，跌落过程中造成风机动力输出轴在靠近地面的轴部出现应力集中，最大应力为 410.6MPa，而 45 号钢的屈服极限是 355MPa，超过材料的屈服强度造成轴的断裂，造成红花收获机整个传动系统瘫痪，因此应对轴作相应改变加强轴的强度。

（2）双背带断裂倾斜跌落：背负系统垂直跌落实体模型及有限元模型，分别如图 5 - 18 所示。

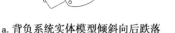

a. 背负系统实体模型倾斜向后跌落　　b. 背负系统有限元模型倾斜向后跌落

图 5 - 18　背负系统倾斜向后跌落实体模型及有限元模型

Fig. 5 - 18　The suspension system back drop drop of the finite element model and solid mode

背负系统双背带同时断裂倾斜向后跌落时，仿真分析结果如图 5 - 19 所示：由定位板最大等效应力云图（图 5 - 19a）和最大等效应变云图（图 5 - 19b）可知，定位板在 $t = 5.36 \times 10^{-3}$ s 时产生的最大应力值为 530.2MPa，发生在定位板下边缘靠近地面处的螺孔处，等效塑性变形为 2.225%；由安装板最大等效应力云图（图 5 - 19c）和最大等效应变云图（图 5 - 19d）可知，当 $t = 3.52 \times 10^{-3}$ s 安装板靠近地面处产生的最大等效应力为 295.8MPa，等效塑性变形为 0.377%。从发生了严重的塑性变形，为了保证背负系统的安全性，应该加强定位板、安装板螺栓孔处的强度，从而提高背负系统的可靠性。

a. 定位板最大等效应力云图　　　　　　　b. 定位板最大等效应变云图

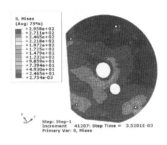
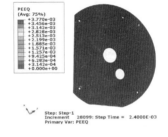

c. 安装板最大等效应力云图　　　　　　　d. 安装板最大等效应变云图

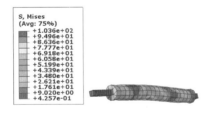

e. 风机动力输出轴最大等效应力云图

图 5 – 19　背负系统双背带断裂倾斜向
后跌落跌落最大等效应力、应变云

Fig. 5 – 19　Maximum effective stress-strain of the
suspension system lean back drop

同样，由于跌落过程中汽油机与风机的重心位置偏离，导致在跌落过程中风机动力输出轴靠近地面的部位应力较为集中，由风机动力输出轴最大应力云图（图 5 – 19e）可知，其最大应力值为 103.6MPa，没有超过 45 号钢的屈服极限强度，因此在此种工况下风机动力输出轴是安全的，强度满足要求。

（3）右边背带断开，整体向左倾斜 60°~70° 掉落：背负系统倾斜跌落实体模型及有限元模型，分别如图 5 – 20 所示。

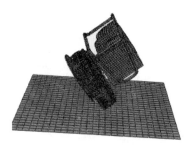

a. 背负系统倾斜向左跌落实体模型　　b. 背负系统倾斜向左跌落有限元模型

图 5 – 20　背负系统倾斜跌落实体模型及有限元模型

Fig. 5 – 20　The suspension system inclined left drop of the finite element model and solid mode

背负系统倾斜跌落时，仿真分析结果如图 5 – 21 所示：由定位板最大等效应力云图（图 5 – 21a）和最大等效应变云图（图 5 – 21b）可知，定位板在 $t = 7.84 \times 10^{-3}$s 时产生的最大应力值为 293.5MPa，发生在定位板螺纹孔处及内圈螺纹孔处，等效塑性变形为 0.162%；由安装板最大等效应力云图（图 5 – 21c）和最大等效应变云图（图 5 – 21d）可知，当 $t = 5.76 \times 10^{-3}$s 大挡产生最大等效应力为 295.8MPa，主要集中在挡板的螺纹孔处，等效塑性变形为 1.07%。两部件均超过材料的屈服强度 159.00MPa，发生了一定程度的塑性变形，为了保证背负系统的

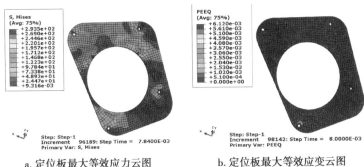

a. 定位板最大等效应力云图   b. 定位板最大等效应变云图

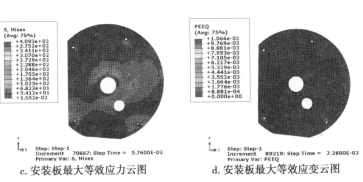

c. 安装板最大等效应力云图   d. 安装板最大等效应变云图

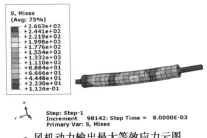

e. 风机动力输出最大等效应力云图

图 5-21　风机侧跌落最大等效应力、应变云

Fig. 5-21　Maximum effective stress-strain of

the suspension system inclined left drop

安全性，应该要减少挡板螺栓孔处的应力集中。

由风机动力输出轴最大等效应力云图（图 5 – 21e）可知，风机动力输出轴的最大等效应力为 267MPa，在屈服强度允许的范围内，没有遭到跌落冲击的影响，因此满足此工况下要求的强度。

通过对背负系统 3 种姿态跌落的结果分析，得出受跌落冲击力时定位板、安装板、风机动力输出轴为背负系统的薄弱部件，因此需要提高这 3 个部件的强度，降低应力集中造成的风险。

6 背负式红花收获机优化及可靠性分析

通过对背负式红花收获机的跌落分析，总结出背负式红花收获机的跌落损坏或失效主要由于某些部位结构设计不合理所致，结合背负式红花收获机田间使用环境复杂，本部分主要针对手持系统及背负系统的薄弱部位进行结构优化及可靠性分析。

6.1 手持系统优化及可靠性分析

6.1.1 手持系统结构优化

本文针对手持系统在五种跌落状况下发生损坏的部位进行了详细分析，发现手持系统跌落后承受的冲击载荷较大，前端盖、齿轮盖及手柄外壳都很容易超过材料的屈服强度；前端盖、手柄外壳的凸耳结构破裂是造成内部关键部件装配松动、错位的主要原因；齿轮安装在手持系统最前端，一般跌落时最先着地，较容易遭受跌落冲击力的破坏。因此通过分析，对手持系统的结构优化提出了3种方案：

（1）增加手持系统前端盖、齿轮盖、手柄外壳的厚度；

（2）改变手持系统易损部位的材料，如选用屈服强度更高的材料；

（3）改变手持系统局部的结构，如改变前端盖及手柄外壳的凸耳，更改齿轮的安装位置等。

除对手持系统结构优化外，还可以对手持系统配备防滑手套等。

针对第一种方案，对手持系统各个部件壁厚均增加1mm，

2mm，4mm，5mm 等情况分别进行了相同工况下的跌落仿真分析，得到了对应的应力、应变云图，根据分析结果绘制了手持系统机架壁厚与等效应力、应变的关系曲线（图6-1）。

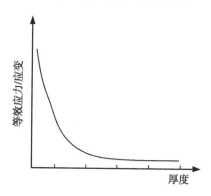

图6-1　手持系统机架厚度与应力/应变关系曲线

Fig. 6-1　Hand-held system frame thickness
and stress / strain curves

　　从图6-1中可以看出，随着手持系统外壳厚度的增加，手持系统的应力/应变在逐渐减小。当手持系统外壳厚度增加2mm时，此时应力/应变减小的最大，之后曲线逐渐趋于平缓。当手持系统外壳厚度增加4mm和5mm时，应力/应变的变化却不大。因此，认为手持系统外壳厚度增加2mm是最优值。但是考虑到手持系统轻量化、舒适性设计的目的，增加2mm将会导致整个操作系统重量加重0.3kg，且抓握直径增大造成采花工使用不舒适，不符合人机工程学，因此此种方案不符合设计要求。

　　通过查阅相关文献及材料书籍发现，采用PP-36370塑料材料可以满足跌落时的强度要求，且该材料质地更轻，屈服强度为45MPa，价格与PP-30590材料相当，因此通过比较可以将手持系统前端盖、齿轮盖及手柄外壳的材料改用PP-36370材料。材料的属性如表 6-1 所示。

表 6-1   PP_ 36370 材料参数

Tab. 6-1   The material parameters of PP－36370

弹性模量 E（GPa）	泊松比 μ	屈服强度 σ_s（MPa）	断裂伸长率	密度 ρ（kg/m³）
2 857.7	0.35	45	5%	1 120

但改变材料只能单方面提高总体的强度，减小跌落时的塑性变形，并不能解决手持系统在跌落过程中的应力集中造成前端盖、手柄外壳凸耳处断裂问题，因此还需要进一步对手持系统进行结构方面的优化。

为解决前端盖凸耳、手柄凸耳断裂、齿轮断裂等问题，需要原有的手持系统局部结构进行改进。手持系统结构改进设计的流程如图 6-2 所示。

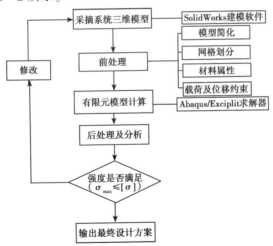

图 6-2   手持系统结构改进设计流程

Fig. 6-2   The flow chart of improvement structure

design of hand-held system

　　针对局部出现跌落应力集中而其他大部分区域应力较小的情况，在改进设计的过程中，综合考虑了加工工艺、生产成本等因素，对手持系统结构进行了以下改进：

　　（1）将前端盖凸耳改为向内的凸耳，可以与手柄外壳嵌合，并在前端盖轴承孔上方均匀加孔；

　　（2）将手柄外壳的凸耳去除，在手柄外壳两侧壳体向内增加与前端盖配合的加强筋；

　　（3）将手持系统前端齿轮移到手柄外壳后部轴承孔处，将齿轮盖与软轴相连固定。

　　改进后的手持系统模型如图6-3所示。

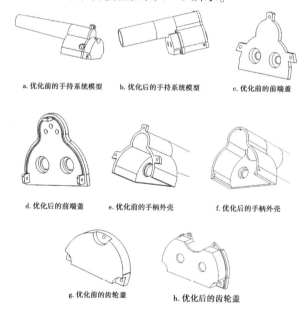

a. 优化前的手持系统模型　　b. 优化后的手持系统模型　　c. 优化前的前端盖

d. 优化后的前端盖　　e. 优化前的手柄外壳　　f. 优化后的手柄外壳

g. 优化前的齿轮盖　　　　h. 优化后的齿轮盖

图6-3　模型改进前后对比

Fig. 6-3　The contrast diagram of the model
before and after with improvement

6.1.2　优化后的手持系统可靠性分析

对改进后的手持系统模型建立新的有限元模型，载荷与边界约束保持不变，将改进后的手持系统模型划分为473 028个单元和123 866个节点。应用 ABAQUS 对改进后的手持系统有限元模型重新进行分析，得到改进后的手持系统在相同工况下应力应变分布云图。

（1）改进后的手持系统前部垂直跌落：改进后的手持系统前部垂直跌落的实体模型及有限元模型（图6-4）。

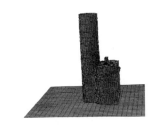

a. 优化后手持系统前部垂直跌落　　　b. 优化后手持系统有限元模型前部垂直跌落

图6-4　优化后手持系统垂直跌落实体模型及有限元模型

Fig. 6-4　The front of hand-held system vertical drop of the finite element model and solid model

优化后的手持系统前部垂直跌落时，模拟分析结果如图6-5所示。由前端盖的最大等效应力云图（图6-5a）和最大等效应变云图（图6-5b）可知，手持系统垂直跌落过程中，前端盖最先着地，在 $t=2.91\times10^{-3}$ s 时右端凸耳处产生最大等效应力，应力值为28.15MPa，等效应变为4.64%，没有超过材料的屈服强度，与优化前的前端盖相比应力减小了约10MPa，并且应力集中部位分散到各个凸耳处周围，避免了在轴承孔边缘产生应力集中从而减小了轴承孔出现塑性变形的情况。

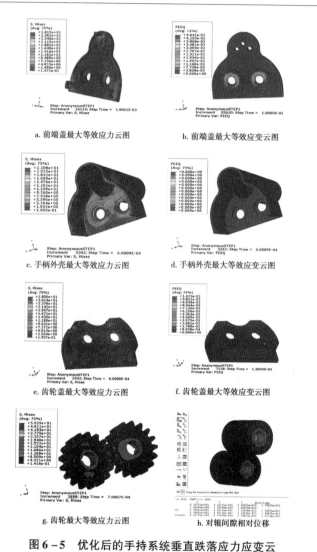

a. 前端盖最大等效应力云图　　　　b. 前端盖最大等效应变云图

c. 手柄外壳最大等效应力云图　　　　d. 手柄外壳最大等效应变云图

e. 齿轮盖最大等效应力云图　　　　f. 齿轮盖最大等效应变云图

g. 齿轮最大等效应力云图　　　　h. 对辊间隙相对位移

图 6 – 5　优化后的手持系统垂直跌落应力应变云

Fig. 6 – 5　Maximum effective stress-strain and roller clearance
of the front of hand-held system vertical drop

　　由手柄外壳最大等效应力云图（图 6 - 5c）和最大等效应力云图（图 6 - 5d）可知，在 $t = 6.0009 \times 10^{-4}$s 时，手柄外壳轴承孔边缘产生最大等效应力值为 22.08MPa，等效塑性应变为 0，相对优化前的手柄外壳最大等效应力值 20.09MPa 虽然有所增加，但是远远小于材料的屈服强度，因此不会造成轴承孔的破损，可以保证与轴承的配合紧密达到传送平稳的要求。

　　由齿轮盖最大等效应力云图（图 6 - 5e）和最大等效应力云图（图 6 - 5f）可知，齿轮盖在此工况下，虽然没有直接接触地面，但是受强烈的冲击力影响，在 $t = 6.0009 \times 10^{-4}$s 时在齿轮盖与手柄接触面上产生最大等效应力，为 28.5MPa，最大等效应变为 1.073%。与优化前的齿轮盖直接接触地面相比应力值大大减小；由齿轮最大等效应力云图（图 6 - 5g）可知，齿轮的最大等效应力为 50.29MPa，没有超过材料的屈服强度 70MPa，且远远小于优化前齿轮的最大等效应力 70MPa，因此将齿轮盖移到手柄后端是可行的，从而可以保证齿轮盖在跌落时不受剧烈撞击而破损。

　　由胶辊相对位移云图（图 6 - 5h）可知，胶辊在跌落后相对位移为 0.013mm，对辊间隙为 0.513mm，在 0.4 ~ 0.6mm 的合理间隙内，因此跌落后各部件不遭受破坏时，其采摘质量也没有受到较大影响，仍可实现较好的采摘性能。

　　综上分析可以发现，优化后的手持系统结构可以满足在此工况下所要求的强度。

　　（2）优化后的手持系统前部与地面成 30°跌落：改进后的手持系统前部与地面成 30°跌落时的实体模型及有限元模型（图 6 - 6）。

　　优化后的手持系统前部倾斜与地面成 30°角跌落时，模拟分析结果图 6 - 7 所示，由前端盖最大等效应力云图（图 6 - 7a）和最大等效应变云图（图 6 - 7b）可知，手持系统前部与地面成

30°跌落时，前端盖最大等效应力为34.68MPa，发生于前端盖左下角处，等效应变为20.95%，没有超过材料的屈服强度45MPa。相比于优化前的结构应力减小4MPa，并且避免了应力集中于优化前的轴承座孔下边缘位置，因此在多次跌落累积的应力作用下不会造成轴承孔发生塑性变形，不影响胶辊的稳定转动。

a. 优化后手持系统前部倾斜跌落　　b. 优化后手持系统有限元模型前部倾斜跌落

图 6 – 6　优化后手持系统前部倾斜跌落实体模型及有限元模型

Fig. 6 – 6　The front of hand-held system side 30 degrees with the ground drop of the finite element model and solid model

由手柄外壳最大等效应力云图（图 6 – 7c）和最大等效应力云图（图 6 – 7d）可知，手柄外壳前端两角加强筋处产生应力集中，最大应力值发生于前端左侧角处，节点53 098，最大应力值为30.86MPa，等效应变为2.67%。虽然比起改进前手柄外壳最大应力值稍大，但是没有超过优化后材料的屈服强度，再者可以从图中发现此时跌落过程中的应力主要集中在手柄外壳前端的加强筋处，不再是手柄的轴承孔位置，因此对手持系统的传动威胁大大降低，说明改进后的结构是安全的。

由齿轮盖最大等效应力云图（图 6 – 7e）和最大等效应力云图（图 6 – 7f）可知，齿轮盖最大应力产生于左侧轴承孔处上边缘处，最大等效应力值11.66MPa，等效应变为0，相比优化前的结构等效应力值减小了约36MPa，并且由齿轮最大等效应力云

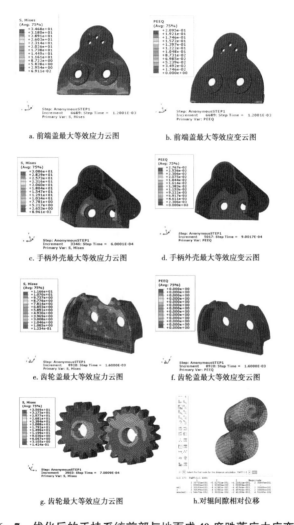

a. 前端盖最大等效应力云图　　　　b. 前端盖最大等效应变云图

c. 手柄外壳最大等效应力云图　　　d. 手柄外壳最大等效应变云图

e. 齿轮盖最大等效应力云图　　　　f. 齿轮盖最大等效应变云图

g. 齿轮最大等效应力云图　　　　　h. 对辊间隙相对位移

图 6 - 7　优化后的手持系统前部与地面成 40 度跌落应力应变云

Fig. 6 - 7　Maximum effective stress-strain and roller clearance of the
front of hand-held system side 30 degrees with the ground drop

图（图 6 - 7g）可知，此时齿轮的最大等效应力为 35.69MPa，因为将齿轮的安装位置改变后避免了齿轮盖、齿轮直接接触地面，大大减小了两者承受的冲击力，降低了齿轮破损的风险，保证手持系统传动稳定。

由胶辊相对位移图（图 6 - 7h）可知，胶辊相对位移为 0.049mm，即跌落后的对辊间隙为 0.549mm，符合对辊间隙允许的合理范围。

综上分析可以看出，优化后的结构相较优化前的结构在应力集中有了明显的改善，避免了薄弱部位破损，从而保证了整个手持系统工作的平稳性。

（3）手持系统水平跌落：改进后的手持系统正面垂直跌落时的实体模型及有限元模型（图 6 - 8）。

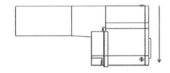 

a. 优化后手持系统正面垂直跌落　　　b. 优化后手持系统有限元模型正面垂直跌落

图 6 - 8　优化后手持系统正面垂直跌落实体模型及有限元模型
Fig. 6 - 8　The hand-held system vertical drop of the
finite element model and solid model

优化后的手持系统正面垂直跌落时，模拟分析结果如图 6 - 9 所示：由前端盖最大等效应力云图（图 6 - 9a）和最大等效应变云图（图 6 - 9b）可知，在此工况下，前端盖的上边缘凸耳受到跌落冲击力的影响产生应力集中，在 $t = 1.9001 \times 10^{-3}$ s 产生最大等效应力，值为 34.15MPa，等效塑性应变 2.062%，应变产生在前端盖凸耳螺纹孔边缘，虽然此时相比于优化前的前端盖受力有所增加，但是依然没有超过材料的屈服强度，没有发生破

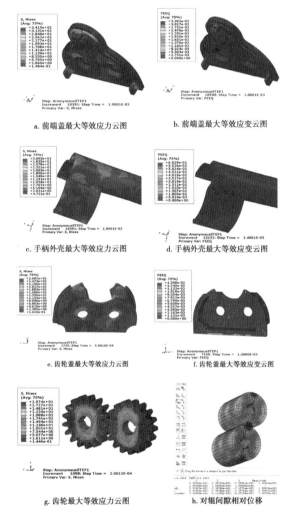

a. 前端盖最大等效应力云图　　　b. 前端盖最大等效应变云图

c. 手柄外壳最大等效应力云图　　d. 手柄外壳最大等效应变云图

e. 齿轮盖最大等效应力云图　　　f. 齿轮盖最大等效应变云图

g. 齿轮最大等效应力云图　　　h. 对辊间隙相对位移

图 6-9　优化后的手持系统水平跌落应力应变云图

Fig. 6-9　Maximum effective stress-strain and roller clearance of the hand-held system vertical drop

损的风险。

由手柄外壳最大等效应力云图（图 6 – 9c）和最大等效应力云图（图 6 – 9d）可知，手柄外壳受到地面的冲击力并没有造成接触地面的部位发生应力集中，此时的手柄上边缘螺纹孔处应力集中主要由于前端盖跌落后向上撞击手柄外壳上边缘造成的，在 $t = 1.9001 \times 10^{-3}$ s 时产生最大等效应力，值为 30.93MPa，等效应变为 6.029%，比优化前的结构减小了约 5MPa，并且没有超过材料的屈服强度，虽然产生了较小的变形但是在材料的允许范围内，手柄外壳没有破损的危险，并且避免了应力集中与轴承孔边缘，而且对整个手持系统的平稳运行没有影响。

由齿轮盖最大等效应力云图（图 6 – 9e）和最大等效应力云图（图 6 – 9f）可知，齿轮盖受跌落冲击力主要在齿轮盖上边缘与手柄接触的地方产生应力集中，在 $t = 5.0016 \times 10^{-4}$ s 时产生最大等效应力，应力值为 26.97MPa，等效应变为 1.358%，比优化前的齿轮盖应力值大大减小，应力值减小约 15MPa，远小于材料的屈服强度，因此优化后的齿轮盖非常安全。

由齿轮最大等效应力云图（图 6 – 9e）可知，齿轮的最大等效应力为 29.74MPa，远小于材料的屈服强度，受剧烈跌落冲击力不会出现失效问题。

由胶辊相对位移云图（图 6 – 9g）可知，胶辊的相对位移为 0.0079mm，对辊间隙在合理范围内，可以说明优化后的结构没有受跌落冲击力的影响，其结构具有较好的抗跌落性能。

综上分析，在此工况下手持系统跌落时整体相对比较安全，并且应力集中现象比优化前有所改善，并且避免了各部件关键部位的应力集中或破损现象，因此说明优化后的结构符合要求。

（4）手持系统左侧面垂直跌落

改进后的手持系统左侧面垂直跌落时的实体模型及有限元模型（图6-10）。

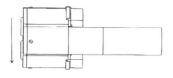 

a. 优化后手持系统左侧面垂直跌落　　b. 优化后手持系统有限元模型左侧面垂直跌落

图6-10　优化后手持系统垂直跌落实体模型及有限元模型

Fig. 6-10　The left side of hand-held system vertical drop of the finite element model and solid model

优化后手持系统左侧面垂直跌落模拟分析结果如图6-11所示：由前端盖最大等效应力云图（图6-11a）和最大等效应变云图（图6-11b）可知，优化的前端盖跌落后避免了凸耳处的应力集中造成破坏的现象，在 $t = 5.001 \times 10^{-3} 4s$ 时前端盖最大等效应力值为16.14MPa，发生在前端盖最上角处，等效应变为13.23%，所受最大应力比之前的最大应力值27.71MPa减少约10MPa，并且远远小于材料的屈服强度，因此前端盖并没有受跌落冲击力的影响，从而可以达到结构的强度要求。

由手柄外壳最大等效应力云图（图6-11c）和最大等效应力云图（图6-11d）可知，当 $t = 5.001 \times 10^{-3} 4s$ 时，手柄外壳与手柄左侧连接处产生最大应力值为30.03MPa，最大塑性应变为6.213%，可见优化后的手柄外壳避免了凸耳处的应力破坏的状况，应力远远小于优化前的应力值41.57MPa，因此优化后的结构满足此工况的强度要求。

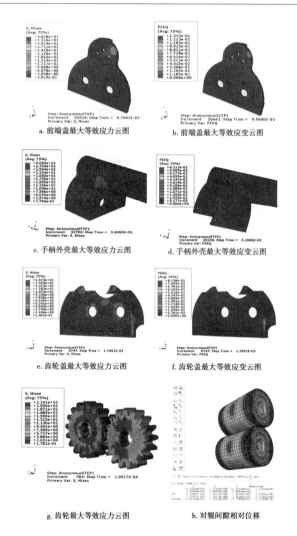

a. 前端盖最大等效应力云图　　b. 前端盖最大等效应变云图

c. 手柄外壳最大等效应力云图　　d. 手柄外壳最大等效应变云图

e. 齿轮盖最大等效应力云图　　f. 齿轮盖最大等效应变云图

g. 齿轮最大等效应力云图　　h. 对辊间隙相对位移

图 6 – 11　优化后的手持系统左侧面水平跌落跌落应力应变云

Fig. 6 – 11　Maximum effective stress-strain and roller clearance of the left side of hand-held system vertical drop

由齿轮盖最大等效应力云图（图6-11e）和最大等效应力云图（图6-11f）可知，齿轮盖最大应力发生在左下方，节点26 254处，最大等效应力值为15.73MPa，最大等效应变为8.138%，虽然相比于之前的最大应力值减少较小，但没有超过材料的屈服强度，并且由齿轮的最大等效应力云图（图6-11g）可知，齿轮的最大等效应力为22.41MPa，远远小于屈服强度，其可靠性较好，经多次跌落也不会造成齿轮盖、齿轮破损影响手持系统的正常工作。

由胶辊相对位移图（图6-11h）可知，胶辊相对位移为0.011mm，跌落后的间隙范围在合理范围内，因此跌落后手持系统的装配关系没有受到影响。

综上分析可以得出优化后的手持系统符合要求。

（5）手持系统背部水平跌落：优化后手持系统背部垂直跌落改进后的手持系统前部与地面成30°跌落时的实体模型及有限元模型（图6-12）。

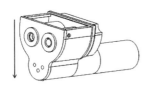 

a. 优化后手持系统背部垂直跌落   b. 优化后手持系统有限元模型背部垂直跌落

图6-12　优化后手持系统背部垂直跌落实体模型及有限元模型
Fig6-12　The back of hand-held system vertical drop of the finite element model and solid model

模拟结果如图6-13所示：由前端盖最大等效应力云图（图6-13a）和最大等效应变云图（图6-13b）可知，前端盖

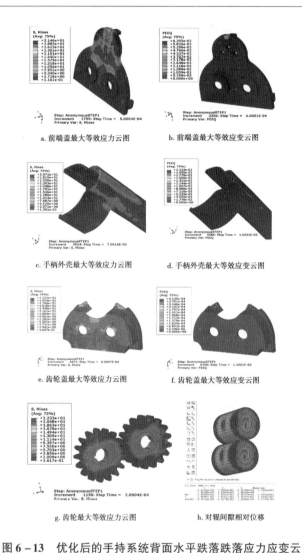

a. 前端盖最大等效应力云图　　b. 前端盖最大等效应变云图

c. 手柄外壳最大等效应力云图　　d. 手柄外壳最大等效应变云图

e. 齿轮盖最大等效应力云图　　f. 齿轮盖最大等效应变云图

g. 齿轮最大等效应力云图　　h. 对辊间隙相对位移

图 6 – 13　优化后的手持系统背面水平跌落跌落应力应变云

Fig. 6 – 13　Maximum effective stress-strain and roller clearance
of the back of hand-held system vertical drop

最大等效应力产生在与地面接触的上边缘位置，应力最大值为
31.46MPa，最大等效应变为6.355%，产生在最上端，没有超过
材料的屈服强度，相比之前的结构应力集中部位一致，但最大等
效应力41.7MPa有所减小，降低了前端盖上部出现破损的危险。

由手柄外壳最大等效应力云图（图6－13c）和最大等效应
变云图（图6－13d）可知，手柄外壳最大等效应力值为
30.71MPa，应力集中在手柄外壳上部，与地面撞击部位，在手
柄最上端螺纹孔处产生最大等效塑性应变为2.133%，与优化前
的手柄外壳的应力集中部位一致，但与最大等效应力值36.3MPa
相比则大大减小，并且优化后的手柄外壳去除了凸耳从而避免了
优化前的凸耳处的应力集中而造成破损的状况。

由手柄外壳最大等效应力云图（图6－13e）和最大等效应
变云图（图6－13f）可知，齿轮盖由于跌落过程的冲击，应力
主要集中在上端与手柄接触的两角处，最大等效应力出现在节点
应力值为21.52MPa，最大等效应变为4.136×10^{-3}%，远远小于
材料的屈服强度，虽然比优化前的前端盖承受的最大等效应力
18.3MPa有所增加，但是同样是安全的，并且由齿轮的最大等效
应力云图（图6－13g）可知，最大等效应力为22.33MPa，同样
小于材料的屈服应力，因此满足此工况下的强度要求。

由胶辊相对位移图（图6－13h）可知，胶辊相对位移为
0.017mm，其对辊间隙为0.517mm，在合理范围内。

综上分析，手持系统背部水平跌落时，优化后的结构可以满
足强度要求，因此优化后的结构合理。

手持系统优化前后五种工况下关键部件的应力、应变及是
否破损情况如表6－2所示，优化前后的对辊间隙如表6－3
所示。

表 6 – 2　手持系统优化前后关键部件的应力、应变

Tab. 6 – 2　The stress and strain of the key parts of the hand-held system before and after optimization

		前部垂直跌落	前部与地面成30°跌落	水平跌落	左侧面水平跌落	背部水平跌落
手柄外壳最大等效应力	改进前	31.48	20.09	35.79	41.57	36.3
	改进后	28.15 ↓	30.86 ↑	30.93 ↓	17.71 ↓	30.71 ↓
前端盖最大等效应力	改进前	29.79	38.02	22.91	27.71	41.7
	改进后	28.15 ↓	34.68 ↓	34.15 ↑	16.14 ↓	31.46 ↓
齿轮盖最大等效应力	改进前	29.20	47.8	40.82	17.22	18.0
	改进后	28.50 ↓	11.66 ↓	26.97 ↓	15.73 ↓	21.52 ↑
手柄外壳最大等效应变	改进前	3.505	0	5.193	32.78	19.1
	改进后	0 ↓	2.67 ↑	6.092 ↑	6.213 ↓	2.133 ↓
前端盖最大等效应变	改进前	1.83	4.32	0	29.63	37.8
	改进后	4.64 ↑	20.95 ↑	2.06 ↑	13.23 ↓	6.355 ↓
齿轮盖最大等效应变	改进前	1.079	4.32	10.24	0	0
	改进后	1.073 ↓	0 ↓	1.358 ↓	8.138 ↑	4.136×10^{-3} →
齿轮最大等效应力	改进前	296.3	285.4	337.1	155.5	97.92
	改进后	50.29 ↓	35.69 ↓	29.74 ↓	22.41 ↓	22.33 ↓

表 6 – 3　手持系统优化前后跌落工况下胶辊间隙

Tab. 6 – 3　The rollers clearance of the hand-held system optimization under dropping condition

	工况 1	工况 2	工况 3	工况 4	工况 5
对辊间隙/mm（改进前）	1.124	2.378	1.599	3.951	1.805
对辊间隙/mm（改进后）	0.513	0.549	0.508	0.511	0.517

注：对辊间隙合理范围为 0.4mm ~ 0.6mm

由表6-2可以看到，改进材料及结构后应力应变数值大部分减小，虽有少数应力应变增大但是没有超过改进后的材料屈服强度，因此不会遭到破坏。以水平跌落这一工况为例，手柄外壳、前端盖、齿轮盖所受的应力应变均降低，并远远低于材料的屈服强度。结构改进后大大减小了手持系统各部件破损的概率，增强了手持系统工作的稳定性，也就是说改进后的模型在能够满足手持系统传动精确、稳定的前提下，还可以保证关键部件不易受到损坏，这说明改进结构后的模型更具实用性。

由表6-3可以明显看到，改进后的手持系统在跌落后其对辊间隙均在合理范围内，由此可得出优化后的手持系统结构合理、配合更加牢固，在结构不受破坏的前提下，手持系统的采摘性能也不受影响。

综上改进后的手持系统具有较好的抗跌落能力，整体可靠性高。

6.2　背负系统优化及可靠性分析

根据第五章对背负系统不同跌落姿态的仿真结果分析可以发现，冲击破坏的主要部件是安装板、定位板，而风机动力输出轴受强烈的冲击力造成风机动力输出轴出现断裂，因此在本章优化中着重对安装板、定位板及风机动力输出轴进行改进。由于在设计时这部分结构已经非常简单且紧凑，考虑到定位板、安装板及风机动力输出轴的仅由局部应力集中造成的损坏，因此本章主要对定位板、安装板、风机动力输出轴作局部结构优化，增强局部的强度。

（1）定位板、安装板的改进：为符合背负式红花收获机轻量化设计要求，定位板、安装板开始设计时就选用了质量较轻的铝材,并且通过第五章的分析发现两部件出现应力过大、集中部位主要是螺栓孔处,因此综合考虑只对两部件的螺栓孔进行优化。

为减小定位板及安装板螺栓孔处受强烈冲击力产生的应力集中,为此将螺栓孔直径增大然后在螺栓孔处加入刚性材料的嵌件,增大螺栓对铝板的作用面积,从而减小螺栓孔处的应力集中。优化的结构图如图 6 – 14 所示。

图 6 – 14　加入嵌件的定位板示意

Fig. 6 – 14　Schematic diagram of the positioning board with embedded parts

通过查阅材料力学手册查出铝板的屈服强度为 159MPa,一般强度计算时,脆性材料的安全系数 n_b 可取 1.5 ~ 2.0,根据挡板的实际作用取其安全系数 n_b 取 1.5。根据许用应力计算公式 $[\sigma] = \dfrac{\sigma_{\max}}{n_b}$ 得出铝板的许用强度为 $[\sigma]$ = 106MPa。

将改进前的挡板与螺栓的接触面积记为 S_1,受到的跌落冲击力为 F1;将加入嵌件优化后的挡板与嵌件的接触面积记为 S_2,受到的跌落冲击力为 F2。

根据冲击应力不变,即 F1 = F2 = F,可得出载荷与受力表面积之间的关系:

$$S_1 \cdot mis_1 = S_2 \cdot mis_2 \qquad (6-1)$$

式中:

mis_1 —表示改进前挡板受到的最大冲击力,即 395.3MPa;

mis_2——表示铝板的许用应力，即106MPa。

将数据代入求出不等式，

$$\begin{cases} r - R(h-1) \geqslant 28 \\ r \geqslant 7 \\ R \geqslant r, h < 1 \\ h \leqslant 3 \end{cases} \qquad (6-2)$$

式中：r——嵌件下端面圆的半径；

　　　R——嵌件上端面圆的半径；

　　　h——嵌件下端面圆柱的高度。

根据挡板的实际大小，求出 $r = 16\text{mm}$，$R = 24\text{mm}$，$h = 0.5\text{mm}$。嵌件的具体模型尺寸如图6-15所示。

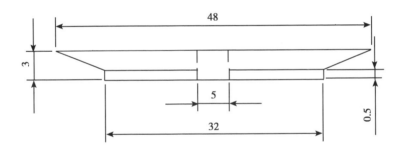

图6-15　嵌件模型

Fig. 6-15　Insert model

（2）风机动力输出轴的优化方案：通过第四章对背负系统的跌落仿真发现，风机主轴在跌落过程中靠近软轴一端发生断裂，结合使用工况、加工工艺及制造成本各方面综合比较提出将风机主轴的应力集中部位直径增大，从而满足跌落强度。

查找材料手册可知，45号钢的屈服极限强度为355MPa，一般强度计算时，脆性材料的安全系数 n_b 可取1.5~2.0，由于风机主轴在整个背负系统中起重要作用，因此其安全系数 n_b 取 2.0。

$$[\sigma] = \frac{\sigma_{max}}{n_b} \qquad (6-3)$$

可得，其许用应力 $[\sigma]$ 为 177.5MPa。

在跌落过程中风机主轴所承受的最大等效应力 416MPa，优化前轴的直径为 d_1，长度为 L，优化后轴的直径为 d_2，根据优化前后受力不变得出，

$$S_1 \cdot F_{1mise} = S_2 \cdot [\sigma] \qquad (6-4)$$

式中：S_1 为优化前轴的表面积，（$S_1 = 2\pi d_1 \cdot L$）；S_2 为优化后轴的表面积，（$S_2 = 2\pi d_2 \cdot L$）。

由此得出，$d_2 = 28\text{mm}$

即优化后的轴的直径为 28mm。

优化前后的风机主轴如图 $6-16$ 所示。

a. 优化前的风机动力输出轴　　　b. 优化后的风机动力输出轴

图 6 - 16　优化前后的风机动力输出轴
Fig. 6 - 16　The output shaft of wind power
before and after optimization

（3）其他优化方案：除了对定位板、安装板及风机动力输送轴的结构优化外，还可增加背负系统外部的防跌落设计，如在背负架增加腰部束带，采花工背起后可系上腰部束带增加整个背负系统的牢固性，降低跌落的几率。

7 对辊式红花采摘装置的试验研究

本部分采用试验设计与分析的方法对对辊式红花收获机采摘头机构的采摘性能进行单因子试验和二次正交旋转试验。利用Design-Expert 6.0.1 软件分析胶辊直径、对辊间隙和胶辊转速对性能指标采净率、掉落率和红花破碎率的影响。为了寻找到满足性能指标因子的最佳组合，把农艺要求作为约束条件，进行模型优化。用因子最佳组合进行了试验验证，试验结果证明，对于不同株型，因子最佳组合得到的性能指标能够满足设计要求。

7.1 材料与方法

试验地点：石河子大学农业试验站试验室。

试验时间：2014 年 7 月。

试验目的：研究对辊式红花收获机采摘头的工作性能。

7.1.1 试验仪器与材料

对辊式红花采摘装置测试试验台如图 7 - 1 所示。

试验所需仪器设备：加拿大 CPL - MS70K CMOS 高速摄像机（拍摄速度 5 200 帧/秒）、Scout. Pro. SPS402F 电子天平（量程600g，可读性 0.01g，线性误差 ±0.01g）、伺服电机（SM80 - 02430，北京中创天勤科技发展有限公司）、驱动器（QS7AA020M，北京中创天勤科技发展有限公司）等。

试验选用石河子总场种植的红花品种"云红二号"，此块红花田采用 660mm ± 100mm 的宽窄行种植模式。

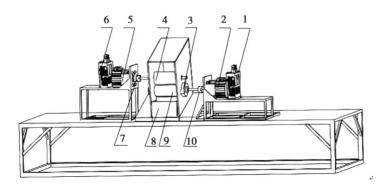

图 7 - 1　对辊式红花采摘装置测试试验台

Figure 7 - 1　Test - bed of dual rollers type safflower plucking

1、6. 驱动器；2、5. 电动机；3. 菱形轴承；4. 上胶辊；7、10. 梅花联轴器；8. 集花盒；9. 下胶辊

采摘试验中所用的试验材料：塞尺、游标卡尺、秒表、φ45mm 对辊、φ40mm 对辊、φ35mm 对辊、φ30mm 对辊、φ25mm 对辊、φ20mm 对辊、φ15mm 对辊，其他仪器设备名称及具体参数见表 7 - 1。

表 7 - 1　试验仪器和设备

Table7 - 1　Test instrument and equipment

仪器设备名称	型号	量程	单位	精度等级
电磁流量计	MKUC2100 - 20	0 ~ 99 999	L/s	0.5
扭矩传感器	JN338 - 500A	0 ~ 500	N · m	0.5
行程开关	0685886 - 9G			
富士变频器	FRN3.7G1S - 4C	0 ~ 3.7	kW	
欧瑞传动变频器	F1000 - G055T3C	0 ~ 5.5	kW	

7.1.2 试验方法

对辊式红花收获机在田间的作业方法是由人手持采摘头进行红花的采摘。本文是将对辊式红花采摘性能试验台放在试验室内进行田间模拟的工作过程,采摘头固定不动,人手持红花的枝条并将红花喂入采摘头,利用电动机提供动力和调整转速,利用菱形轴承调整对辊间隙,并用塞尺检测间隙的大小并记录。

7.1.2.1 因子参数及性能指标的选取

(1)因子参数的选取:由于影响红花采摘试验装置采摘性能的工作参数与结构参数多样,本试验以胶辊直径 D、对辊间隙 u、胶辊转速 ω 作为影响红花采摘效果的 3 个关键参数:选取范围 D 为 $15 \sim 45\mathrm{mm}$、u 为 $0.1 \sim 1\mathrm{mm}$、ω 为 $300 \sim 2\,000\mathrm{r/min}$。

(2)性能指标的选取:采净率、掉落率、红花破碎率和啃夹果球率是衡量采摘装置采摘性能好坏的重要指标,因此,确定对辊式红花采摘试验的性能指标为采净率、掉落率、红花破碎率和啃夹果球率。

7.1.2.2 性能指标测定

(1)采净率:采净率是指单朵花球上被采摘下来的红花质量占单朵花球上红花总质量的百分比。试验时调整转速和旋向,启动控制胶辊的电动机,采摘红花,记连续采摘 5 个红花为一个样本。采摘后分别收集集花盒内的红花、掉落的红花、遗留在花球上未被采摘的红花,如图 7 - 2 所示,分别称重,记录一次数据,共记录 5 次。将测量的数据作为单因子试验数据,计算测量值的平均值作为多因子试验数据。红花采净率计算公式为

$$y_1 = \left(\frac{m_1 + m_2}{m_1 + m_2 + m_3} \right) \times 100\% \qquad (7-1)$$

式中：m_1 为集花盒收集的红花质量，g；m_2 为掉落损失的红花质量，g；m_3 为花球上残留的红花质量，g。

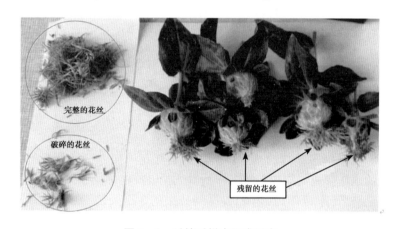

图 7 - 2　采摘后样本组成形态
Figure 7 - 2　Sample composition after picking

（2）掉落率：掉落率是指采摘作业时，单朵花球上掉落未被收集的红花质量占单朵花球红花总质量的百分比。计算公式为：

$$y_2 = \left(\frac{m_2}{m_1 + m_2 + m_3} \right) \times 100\% \qquad (7-2)$$

（3）红花破碎率：红花破碎率是指采摘作业时，单朵花球上摘离后破碎红花的质量占采摘下来的红花总质量的百分比。采摘后分别收集集花盒内红花、掉落的红花，将破碎的红花分别挑出并进行称重，记录一次数据，共记录 5 次。将测量的数据作为单因子试验数据，计算测量值的平均值作为多因子试验数据。红花破碎率计算公式为

$$y_3 = \left(\frac{m_4}{m_1 + m_2} \right) \times 100\% \qquad (7-3)$$

式中：m_4为摘离后破碎红花的质量，g。

7.2　多因子采摘试验

本文采用二次正交旋转组合设计试验方案，研究各影响因素不同的试验组合对响应指标的影响。选取胶辊直径、对辊间隙、胶辊旋转速度三个影响因素进行多因子试验，以采净率、掉落率和破碎率为响应指标，按三因子五水平安排试验，编码见表7－2。根据编码表，制定二次正交旋转组合设计的试验方案及结果见表7－3。

表7－2　因子水平编码

Table7－2　Coding table of factor level

编码值	胶辊直径（mm）	胶辊间隙（mm）	滚筒转速（r/min）
上星号臂（1.682）	46.82	0.84	1 672.72
上水平（1）	40	0.7	1 400
零水平（0）	30	0.5	1 000
下水平（－1）	20	0.3	600
下星号臂（－1.682）	13.18	0.16	327.28

表7－3　二次旋转正交组合试验方案及结果

Table7－3　Program and result of the test of quadratic
rotation-orthogonal combination

试验序号	影响因素			响应指标		
	胶辊直径（D）	胶辊间隙（μ）	旋转速度（ω）	采净率（y_1）	掉落率（y_2）	破碎率（y_3）
1	20	0.3	600	86.50	3.72	4.74
2	40	0.3	600	89.30	3.31	4.02
3	20	0.7	600	84.60	3.93	3.76

（续表）

试验序号	影响因素			响应指标		
	胶辊直径（D）	胶辊间隙（μ）	旋转速度（ω）	采净率（y_1）	掉落率（y_2）	破碎率（y_3）
4	40	0.7	600	81.60	3.35	2.76
5	20	0.3	1 400	88.20	2.84	3.46
6	40	0.3	1 400	91.70	2.82	2.82
7	20	0.7	1 400	88.10	2.74	3.41
8	40	0.7	1 400	91.80	2.91	2.21
9	13.18	0.5	1 000	86.00	3.23	4.41
10	46.82	0.5	1 000	93.10	2.43	2.28
11	30	0.16	1 000	88.10	3.31	4.52
12	30	0.84	1 000	84.90	3.92	2.41
13	30	0.5	327.28	86.40	3.52	4.47
14	30	0.5	1 672.72	93.80	2.47	2.45
15	30	0.5	1 000	89.50	2.91	2.87
16	30	0.5	1 000	91.40	2.84	3.12
17	30	0.5	1 000	91.10	3.1	2.79
18	30	0.5	1 000	89.20	2.97	3.23
19	30	0.5	1 000	91.10	3.12	2.87
20	30	0.5	1 000	90.70	3.31	3.32

7.2.1　各影响因素对采净率的影响

根据表 7 - 3 的试验数据，应用 Design-Expert 6.0.1 软件得出采净率的方差分析结果见表 7 - 4。

当显著性值小于 0.1 时，模型显著。在该情况下，D、μ、ω、$D \cdot \omega$、$\mu \cdot \omega$、μ^2 是模型的显著项。由分析可知，各影响因素对采净率的影响，得出影响采净率的 3 个影响因素与响应指标的实际方程为：

$$y_1 = 88.29 - 0.12D + 18.7\mu - 0.009\omega + 0.00026D \cdot \omega +$$
$$0.014\mu \cdot \omega - 37.66\mu^2 \qquad (7-4)$$

由图 7-3a 可知，当胶辊间隙在 0 水平（$\mu = 0.50$mm）时，采净率随胶辊直径增大而增大，随滚筒转速增大而增大；响应曲面沿 ω 方向变化较快，而沿 D 方向变化较慢；在试验水平下胶辊转速对采净率的影响要比胶辊直径的影响显著。

表 7-4　各影响因素对采净率的方差分析

Table7-4　Variance analysis of the influence of each
factor to plucking completed rate

来源	平方和	自由度	均方	F 值	P 值（显著性）
D	26.27	1	26.27	13.40	0.0029
μ	16.44	1	16.44	8.38	0.0125
ω	66.98	1	66.98	34.17	<0.0001
$D \cdot \omega$	6.85	1	6.85	3.49	0.0844
$\mu \cdot \omega$	11.52	1	11.52	5.88	0.0307
μ^2	34.08	1	34.08	17.39	0.0011
残差	25.48	13	1.96		
失拟	21.22	8	2.65	3.11	0.1132
纯误差	4.26	5	0.85		
总离差	187.61	19			

由图 7-3b 可知，当胶辊直接在 0 水平（$D = 30$mm）时，采净率随旋转速度增大而增大；当 0.30mm $< \mu < 0.45$mm 时，采净率随胶辊间隙增大而增大，当 0.45mm $< \mu < 0.60$mm 时，采净率随胶辊间隙增大而减小趋势，当 0.60mm $< \mu < 0.70$mm，采净率随胶辊间隙增大变化不大；响应曲面沿 ω 方向变化较快，而沿 D 方向变化较慢；在试验水平下旋转速度对采净率的影响要比胶辊间隙的影响显著。

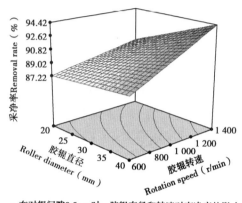

a. 在对辊间隙0.5mm时，胶辊直径和转速对有净率的影响
a. Effect of roller diameter and rotation speed on removal rate,while roller clearance is 0.5mm

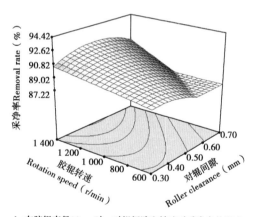

b. 在胶辊直径30mm时，对辊间隙和转速对采净率的影响
b. Effect of roller clearance and rotation speed on removal rate,while roller diameter is 30mma

图 7-3 试验因素对红花采净率的影响

Fig. 7-3 Effect of experiment factors on salfflower removal rate

7.2.2 各影响因素对掉落率的影响

应用 Design – Expert 6.0.1 软件得出采净率的方差分析结果见表 7 –5。

当显著性值小于 0.1 时，模型显著。在该情况下，D、μ、ω、$D \cdot \omega$、ω^2 是模型的显著项。由分析可知，各影响因素对掉落率的影响，得出影响掉落率的 3 个影响因素与响应指标的实际方程为：

$$y_2 = 6.55 - 0.052D - 5.02\mu - 0.0019\omega + 3.56D \cdot \omega + 5.49\omega^2$$

$$(7 - 5)$$

表 7 –5　各影响因素对掉落率的方差分析

Table 7 –5　Variance analysis of the influence of each factor to dropping rate

来源	平方和	自由度	均方	F 值	P 值（显著性）
D	0.35	1	0.35	12.74	0.0031
μ	0.12	1	0.12	4.27	0.0577
ω	1.66	1	1.66	60.57	<0.0001
$D \cdot \omega$	0.16	1	0.16	5.92	0.0290
ω^2	0.71	1	0.71	25.75	0.0002
残差	0.38	14	0.027		
失拟	0.24	9	0.027	0.92	0.5706
纯误差	0.14	5	0.029		
总离差	3.38	19			

由图 7 –4 可知，当胶辊间隙在 0 水平（$\mu = 0.50$mm）时，掉落率随胶辊直径增大而减小；随旋转速度增大而减小；响应曲面沿 ω 方向变化较快，而沿 D 方向变化较慢；在试验水平下旋转速度对掉落率的影响要比胶辊直径的影响显著。

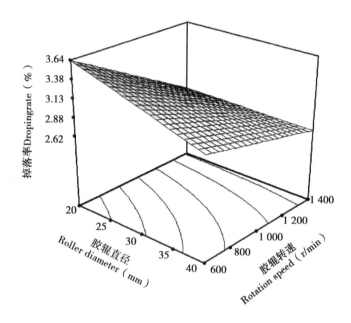

图 7 - 4　胶辊直径与旋转速度对掉落率的影响

Figure 7 - 4　Effect of roller diameter and rotation speed on dropping rate

7.2.3　各影响因素对破碎率的影响

应用 Design - Expert 6.0.1 软件得出破碎率的方差分析结果见表 7 - 6。

表 7 - 6　各影响因素对总破碎率的方差分析

Table7 - 6　Variance analysis of the influence of each factor to broken rate

来源	平方和	自由度	均方	F 值	P 值 （显著性）
D	3.74	1	3.74	51.29	<0.0001

来源	平方和	自由度	均方	F 值	P 值（显著性）
μ	3.04	1	3.04	41.81	<0.0001
ω	3.36	1	3.36	46.18	<0.0001
$\mu \cdot \omega$	0.31	1	0.31	4.28	0.0589
μ^2	0.25	1	0.25	3.5	0.0842
ω^2	0.25	1	0.25	3.4	0.0880
残差	0.95	13	0.073		
失拟	0.71	8	0.088	1.83	0.2618
纯误差	0.24	5	0.048		
总离差	11.86	19			

显著性值小于 0.1 时，模型显著。D、μ、ω、$\mu \cdot \omega$、ω^2、μ^2 是模型的显著项。由分析可得出影响破碎率的 3 个影响因素与响应指标的实际方程为：

$$y_3 = 9.98 - 0.052D - 8.13\mu - 0.0041\omega +$$
$$0.0025\mu \cdot \omega + 3.3\mu^2 - 0.00000082\omega^2 \quad (7-6)$$

试验结果如图 7 - 5 所示。

由图 7 - 5 可知，当机胶辊间隙在 0 水平（$D = 30mm$）时，红花破碎率随胶辊间隙增大而减小，随旋转速度增大而减小；响应曲面沿 ω 方向变化较快，而沿 μ 方向变化较慢；在试验水平下旋转速度对破碎率的影响要比胶辊间隙的影响显著。

7.2.4 最佳参数优化

根据红花采收性能的要求，本试验中采用多目标优化方法进行寻优，应用 Design - Expert 6.0.1 软件进行优化求解。分别以采净率、掉落率和破碎率作为响应指标函数，参照农业部"NY/T 1133—2006 作业质量"和"GB/ T 21397—2008"标准，设定

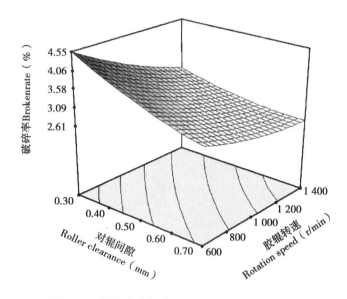

图7-5　旋转速度与胶辊间隙对总破碎率的影响

Figure 7-5　Effect of dual-rollers gap and rotation
speed on removal rate

约束条件，进行模型优化，寻找到满足响应指标的最佳参数组合。

$$y_1 = 88.29 - 0.12D + 18.7\mu - 0.009\omega + 0.00026D \cdot \omega +$$
$$0.014\mu \cdot \omega - 37.66\mu^2 \tag{7-7}$$

其中，$y_1 \in [90, 93.8]$，$D \in [20, 40]$，$\mu \in [0.3, 0.7]$，$\omega \in [600, 1400]$

$$y_2 = 6.55 - 0.052D - 5.02\mu - 0.0019\omega + 3.56D \cdot \omega + 5.49\mu^2$$
$$\tag{7-8}$$

其中，$y_2 \in [2.43, 3]$，$D \in [20, 40]$，$\mu \in [0.3, 0.7]$，$\omega \in [600, 1400]$

$$y_3 = 9.98 - 0.052D - 8.13\mu - 0.0041\omega + 0.0025D \cdot \omega +$$
$$3.3D^2 - 0.00000082\omega^2 \qquad (7-9)$$

其中，$y_3 \in [2.21, 3]$，$D \in [20, 40]$，$\mu \in [0.3, 0.7]$，$\omega \in [600, 1\,400]$

则，y_1、y_2、y_3 的目标约束分别为 y_{1max}、y_{2min}、y_{3min}。

应用 Design – Expert 6.0.1 求解，得到满足响应指标约束的影响因素最佳参数组合方案见表 7 – 7。

表 7 – 7 中，影响因素最佳参数组合方案为 10 组，各组方案中的影响因素编码值和响应指标数值均在优化区域的位置。

表 7 – 7 最佳参数组合方案

Table 7 – 7 Various factors affecting the best parameter combination plan

序号	胶辊直径（mm）	胶辊间隙（mm）	旋转速度（r/min）	采净率（%）	掉落率（%）	破碎率（%）	Desirability
1	40.00	0.51	1 400.00	94.4308	2.62808	2.21051	0.9
2	40.00	0.51	1 400.00	94.4329	2.62574	2.21573	0.9
3	40.00	0.51	1 400.00	94.4335	2.62438	2.21901	0.9
4	40.00	0.50	1 400.00	94.4338	2.62311	2.22227	0.9
5	40.00	0.52	1 400.00	94.4288	2.62963	2.20732	0.9
6	40.00	0.52	1 392.69	94.368	2.63409	2.21001	0.9
7	40.00	0.52	1 400.00	94.4209	2.63438	2.19852	0.9
8	40.00	0.52	1 388.71	94.3336	2.63723	2.21011	0.9
9	40.00	0.48	1 395.08	94.371	2.61617	2.26247	0.9
10	40.00	0.47	1 399.99	94.3892	2.61211	2.27253	0.9

7.3 参数优化

为了获得较好的红花采收效果，本文根据高采收率、低掉落率、低破碎率的采收要求为优化目标，进行红花采收试验装置的工作参数和结构参数优化分析。应用 Design – Expert 6.0.1 数据分析软件对建立的3个指标的全因子二次回归模型优化分析，约束条件为：①目标函数：y_1[max]；y_2[min]；y_3[min]；②变量区间：胶辊直径20~40mm；对辊间隙0.3~0.7mm；胶辊转速600~1 400r/min。优化后得出影响因素最佳组合区域，如图7-6所示，胶辊直径和转速在+1水平以及对辊间隙在0水平时，响应目标函数有覆盖区域，通过 Design - Expert 6.0.1 软件选取满意度最高的组合为最佳参数组合：胶辊直径40mm，对辊间隙0.51mm，转速1 400r/min，模型预测的平均采收率为94.42%，掉落率为2.63%，破碎率为2.21%。

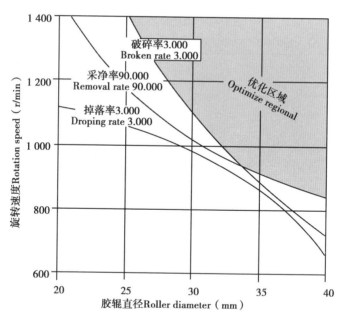

图7-6 对辊间隙为0.5mm时响应目标函数优化的覆盖

Figure 7-6 Overlay plot of graphical optimization at dual roller clearance of 0.5mm

7.4 对辊式红花收获装置田间试验

红花采摘是一个与地理环境、种植模式、红花品种等有关的比较复杂的过程,而且,红花的力学特性也千差万别。因此要研究红花的采摘机理,仅仅有室内台架试验还不够,田间试验是不可或缺的研究方法和手段之一。田间的条件复杂多样,红花的特性和植株的枝叶均会对采摘质量有所影响。针对现存的红花机械采摘质量问题,本文做了大量的试验,研究分析采摘过程中造成红花掉落、红花破碎的情况。首先完成田间采摘性能试验,考察对辊式红花收获机的最优作业工况及红花的采净率、掉落率、破碎率情况,最后探索出不同工作参数对机械采摘的影响,为红花收获机械的设计提供理论依据。

7.4.1 试验条件

2014 年 7 月以及 2015 年 7 月经过多次改进的对辊式红花收获机加工装配完成。为研究对辊式红花收获机样机在不同工况下机械采摘的情况,检验采摘部件结构形式及强度是否满足作业要求,测试不同因子下红花的采净率、掉落率、破碎率与含杂率的变化。

试验时间:2015 年 8 月 4 日。试验在新疆塔城地区裕民县江格斯乡古兰德村农田进行,水浇地,缓山坡地形。红花种植行距为 40cm,株距为 15cm,植株高度为 72 ~ 107cm,红花含水率为 43.55% ~ 76.49%。具体场景如图 7 - 7 所示。试验对象品种为"云红二号"红花,属油花兼用型品种,全株花球 10 ~ 39个,单个花球红花根数 61 ~ 141 根。

图 7 - 7　田间生产试验情况

Figure 7 - 7　The photos of field production test

7.4.2　试验仪器

试验用的仪器、仪表和用具见表 7 - 8，所用样机为手持对辊式红花采收机，采摘幅宽 60mm，配套动力为背负式小型汽油机，功率 1.2kW。

7.4.3　试验方法

启动汽油机预热 1～2min，加大油门至低档位，使汽油机离合器闭合，手柄胶辊空载运行 1min，检查机械连接部分有无不正常振动、响声、紧固件松动。

测试样品植株的选取参照我国农业行业标准 NY/T1133—2006 的规定进行。

7.4.3.1　取样

随机选一地块，沿地块长宽方向对边的中点连十字线，把地块划成 4 块，随机选对角的 2 块作为检测样本。

表 7 - 8　试验仪器设备

Table 7 - 8　Test instruments and equipment

序号	名称	型号、规格	数量
1	皮尺	30m/精度 1cm	1 个

（续表）

序号	名称	型号、规格	数量
2	钢卷尺	5m/精度 1mm	1 把
3	游标卡尺	150mm/精度 0.01mm	1 把
4	秒表	0 ~ 1h/精度 0.01s	1 块
5	塞尺	0.01 ~ 1.5mm/精度 0.01mm	一套
6	电子秤	50kg/精度 0.1g	一台
7	天平	500g/0.01g	一台
8	镊子		2 把

7.4.3.2 检测点位置

沿检测样本（地块）的对角线，从地角算起以 1/4、3/4 点处为测点，确定出 4 个检测点的位置，再加上两个检测样本的交点，确定出 5 个检测点的位置。

7.4.3.3 采净率和掉落率测定

采收前在检测样本（地块）内临近检测点的区域选取 5 点，每点不少于 2m²，在采收前清理地上杂草及障碍，在红花收获机正常作业的情况下，由试验操作员作业，分别针对 5 个区域开始采摘。采收后收集掉落红花、遗留在花球上未被采摘的直立红花，分别称重，采净率按照公式（7-10）计算：

$$J = \frac{W_1}{W_1 + W_2 + W_3} \times 100\% \qquad (7-10)$$

式中：J——采净率，% ；

W_1——采摘红花 t 时间后集花箱内红花重量，g；

W_2——掉落地上及枝叶上红花质量，g；

W_3——遗留在花球上未被采摘的直立红花，g；

掉落率计算如公式（7-11）：

$$J = \frac{W_2}{W_1 + W_2 + W_3} \times 100\%$$ （7-11）

7.4.3.4 破碎率测定

在红花收获机正常作业的情况下，在采集箱的不同部位随机抽取5份红花样品，每份不少于10g，用手或镊子拣出破碎的红花称重，按照公式（7-12）含杂率计算如公式（7-12）：

$$Z_P = \frac{W_P}{W_{yp}} \times 100\%$$ （7-12）

式中：

Z_p——含杂率，%

W_p——样品中用手拣出碎叶、茎秆、杂草、草籽质量，单位为克（g）；

W_{yp}——样品质量，g。

7.4.3.5 含杂率测定

在红花收获机正常作业的情况下，在采集箱的不同部位随机抽取5份红花样品，每份不少于10g，用手或镊子拣出碎叶、茎秆、杂草、草籽等杂质，称重。含杂率计算如公式（7-13）：

$$Z_z = \frac{W_z}{W_{zy}} \times 100\%$$ （7-13）

式中：Z_z——含杂率，%

W_z——样品中用手拣出碎叶、茎秆、杂草、草籽质量，单位为克（g）；

W_{zy}——样品质量，g。

7.4.4 结果与分析

试验结果如表7-9所示。采净率>86%、掉落率<3%、破碎率<3.2%、含杂率<0.052%与试验室结果基本吻合。田间采

摘效果如图 7 - 8 所示。

表 7 - 9　田间试验测定结果
Table 7 - 9　Measurement results of harvester testing

	采净率（%）	掉落率（%）	破碎率（%）	含杂率（%）
测点 1	86.03	2.19	0.36	0.03
测点 2	91.34	2.99	2.48	0.1
测点 3	89.79	0.94	1.83	0.02
测点 4	93.40	2.89	0.97	0.09
测点 5	90.56	2.27	3.20	0.02

a. 红花掉落情况

b. 红花掉落情况

图 7 – 8　田间采摘效果

Figure 7 – 8　The photos of field picking effect

　　上述结果说明利用对辊式红花采收机可以实现田间的红花机械式采摘，采净率较高，掉落率、破碎率、含杂率较低，可以满足人们对红花机械式采摘的要求。

参考文献

白金兰，王军生，王国栋，等．2005．六辊轧机辊间压力分布解析［J］．东北大学学报（自然科学版），26（2）：133－136.

白象忠．2003．材料力学［M］．北京：中国建筑工业出版社．

蔡凡，李初晔，马岩．2010．过盈配合产生的接触压力和拔出力计算［J］．机械设计与制造，10：7－9.

曹金凤，石亦平．2009．ABAQUS有限元分析常见问题解答［M］．北京：机械工业出版社．

曹玉华，李长友，张增学，等．2012．蓖麻蒴果剥壳装置关键部件改进设计与试验［J］．农业工程学报，8（18）：16－22.

车宪香．2013．包装件跌落模拟计算与缓冲结构优化［D］．济南：山东大学．

陈红，余豹，王振亚，等．2015．宽皮柑橘剥皮机对辊式剥皮装置工艺参数优化［J］．农业工程学报，04：293－298.

陈魁．2005．实验设计与分析［M］．北京：清华大学出版社．

陈龙．2014．印楝果实脱皮技术装备设计研究［D］．北京：中国林业科学研究院．

陈纬，赵霞．2011．辊道装配过盈配合有限元分析［J］．机械工程与自动化，02：93－95.

成大先.2007.机械设计手册［M］.（第五版）.北京：化学工业出版社.

程佰兴.2008.筒辊磨工作载荷研究及压辊与滚筒的有限元分析［D］.长春：吉林大学.

杜平安.2000.有限元网格划分的基本原则［J］.机械设计与制造（1）：34－36.

范成业，庄苗，黄克智.2003.超弹性材料过盈配合的解析解和数值解［J］.工程力学，04：15－18.

范国昌，王惠新，籍俊杰，等.2002.影响玉米摘穗过程中籽粒破碎和籽粒损失率的因素分析［J］.农业工程学报，18（4）：72－72.

付君，钱志辉，尹维，等.2015.小麦摩擦与拉伸性能［J］.吉林大学学报（工学版），02：501－507.

甘建国.2008.高压对辊粉碎的微分剪切理论及数学模型［J］.机械工程学报，4（3）：241－248.

葛云，张立新，谷家伟，等.2015.对辊式红花采收装置参数优化及试验［J］.农业工程学报，21：35－42.

谷家伟，葛云，彭霞，等.2015.基于TRIZ理论的红花采收系统设计［J］.甘肃农业大学学报，05：157－160，165.

谷家伟.2016.对辊式红花采收机的设计与研究［D］.石河子：石河子大学.

顾尧臣.2001.辊式磨粉机和胶辊砻谷机差速传动工作原理的研究（一）［J］.粮食与饲料工业，2：2－5.

韩丹丹，葛云，汤明军，等.2014.切割－气吸式红花花丝采收装置的设计［J］.农机化研究（10）：120－123.

韩丹丹.2014.气力式红花花丝采收装置的设计及气流场模拟［D］.石河子：石河子大学.

韩丹丹.2014.气力式红花花丝采收装置的设计及气流场模

拟 [D]. 石河子：石河子大学.

韩洪黎. 2011. 基于 ABAQUS 对某型无人机机翼的有限元分析及局部结构设计 [D]. 北京：国防科学技术大学.

贺俊林，佟金，胡伟，等. 2006. 辊型和作业速度对玉米收获机摘穗性能影响的试验研究 [J]. 农业机械学报，37 (3)：46 - 49.

黄勇，葛云，张立新，等. 2016. 气力—切割组合式红花丝采摘器气流场力学特性分析 [J]. 农机化研究，08：41 - 45.

贾洪雷，王刚，赵佳乐，等. 2015. 间距自适应差速玉米摘穗辊设计与试验 [J]. 农业机械学报，46 (3)：97 - 102.

江丙云，孔祥宏. 2014. ABAQUS 工程实例详解 [M]. 北京：人民邮电出版社.

卡那沃依斯基. 1983. 收获机械 [M]. 北京：中国农业机械出版社.

李恩田. 2006. 基于 TRIZ 的机械产品创新设计模式研究 [J]. 设计与研究，33 (8)：18 - 23.

李洪兵. 2012. 红花 [M]. 昆明：云南科学技术出版社.

李世豪，齐应杰. 2017. 玉米剥皮机部件改进设计及三维仿真应用 [J]. 农机化研究，04：158 - 161, 172.

李欣欣，杨志刚，李建桥，等. 2003. 农机链链板与套筒最优过盈量有限元分析及试验研究 [J]. 农业工程学报，04：126 - 128.

李艳聪，宋欣，杨磊. 2016. 苹果树枝力学特性试验研究 [J]. 应用力学学报，04：720 - 725, 745.

李永磊，宋建农，康小军，等. 2013. 双辊秸秆还田旋耕机试验 [J]，农业机械学报，44 (6)：45 - 49.

梁晓军.2006. 纵卧辊式玉米收获机收获损失试验研究
　[D]. 长春：吉林大学.

廖庆喜，舒彩霞，田波平.2005. 辊式磨粉机对辊工作力学
　条件分析 [J]. 包装与食品机械，23（2）：1 –4.

刘洪文.2011. 材料力学Ⅰ [M]. 北京：高等教育出版社.

刘军，陈宏伟.2004. 新疆杏核挤压破壳中破坏载荷与其压
　缩变形量关系的探讨 [J]. 包装与食品机械，22（3）：
　19 –21.

刘培锷，刘证.1982. 轧板过程中单位压力的分布规律 [J].
　应用数学和力学，03：407 –416.

刘培锷.1981. 塑性压力加工时接触面上单位压力的分布规
　律 [J]. 鞍山钢铁学院学报，03：10 –26.

刘士光，张涛. 弹塑性力学基础理论 [M]. 武汉：华中科
　技大学出版社.

刘叔仪.1956. 摩擦线与（辊轧）压力分布间之相互关系
　[J]. 物理学报，01：41 –49.

刘叔仪.1956. 塑压摩擦线理论与平面压力分布问题之总解
　答 [J]. 物理学报，06：491 –507.

刘宪军.2014. 新型玉米摘穗装置的研究 [D]. 长春：吉林
　大学.

刘义，陈国定，李济顺，等.2007. 辊磨机磨辊强度有限元
　仿真分析 [J]. 矿山机械，12：100 –102.

卢彩云，赵春江，孟志军，等.2016. 基于滑板压秆旋切式
　防堵装置的秸秆摩擦特性研究 [J]. 农业工程学报，11：
　83 –89.

吕岗.2013. 基于复合材料的某飞机零部件轻量化研究
　[D]. 长春：吉林大学.

莫丽，王军.2015. O 形圈动密封特性的有限元分析 [J].

机械科学与技术, 03: 386 - 392.

牟向伟, 区颖刚, 刘庆庭, 等. 2014. 甘蔗叶鞘剥离过程弹性齿运动分析与试验 [J]. 农业机械学报, 45 (2): 122 - 129.

倪文龙, 黄之初, 葛友华, 等. 2008. 料层挤压粉磨数学模型构建及参数辨析 [J]. 武汉理工大学学报, 09: 138 - 142.

宁廷州, 俞国胜, 陈忠加, 等. 2016. 对辊柱塞式成型机设计与试验 [J]. 农业机械学报, 05: 203 - 210.

牛长河, 乔园园, 孙小丽, 等. 2013. 林果机械化收获研究现状、进展与发展方向 [J]. 新疆农业科学, 50 (3): 499 - 508.

皮亚男, 樊拾全, 刘艳霞. 2009. 林木种子静摩擦系数的测定及滑动速度的计算 [J]. 江西科学 (4): 255 - 260.

钱营. 2016. 背负式红花收获机跌落仿真分析及优化 [D]. 石河子: 石河子大学.

权龙哲, 曾百功, 马云海, 等. 2012. 基于 TRIZ 理论的玉米根茬收获系统设计 [J]. 农业工程学报, 23: 26 - 32.

权龙哲. 2012. 玉米根茬收获模式及采收机理 [D]. 长春: 吉林大学.

任家智. 2002. 纺纱原理 [M]. 北京: 中国纺织出版社.

阮竞兰, 向光波, 程相法. 2011. 胶辊砻谷机性能参数试验与优化 [J]. 农业工程学报, 27 (5): 353 - 357.

石亦平, 周玉蓉. 2011. ABAQUS 有限元分析实例详解 [M]. 北京: 机械工业出版社.

宋小龙, 安继儒. 2007. 新编中外金属材料手册 [M]. 北京: 化学工业出版社.

汤智辉, 贾首星, 沈从举, 等. 2010. 4YS - 24 型红枣收获

机的研制 [J]. 新疆农机化, 1：30 - 32.

佟金, 贺俊林, 陈志, 等 . 2007. 玉米摘穗辊试验台的设计和试验 [J]. 农业机械学报, 38（11）：48 - 51.

王斌 . 2015. 薄壁筒体结构跌落冲击响应研究 [D]. 北京：北京理工大学 .

王冰, 王兆伍 . 2012. 纸张在弹性胶辊夹持下接触区域的数值分析 [J]. 包装工程, 33（9）：13 - 17.

王春华, 宋超, 朱天龙, 等 . 2013. 环模秸秆成型机压辊半径的优选与试验 [J]. 农业工程学报, 29（15）：26 - 33.

王德福, 蒋亦元摇, 王吉权 . 2010. 钢辊式圆捆打捆机结构改进与试验 [J]. 农业机械学报, 41（12）：84 - 88.

王晓霖 . 2015. 差速成形辊卷制锥筒件过程的数值模拟研究 [D]. 长春：吉林大学 .

王业成, 陈海涛, 林青 . 2009. 黑加仑采收装置参数的优化 [J]. 农业工程学报, 25（3）：79 - 83.

王优 . 2011. 新型玉米摘穗装置工作机理的基础性研究 [D]. 长春：吉林大学 .

闻邦椿 . 2008. 机械设计手册 [M]. 北京：机械工业出版社 .

吴桂荣, 贾新岳 . 1995. 红花油的保健应用开发与新疆红花资源 [J]. 预防医学文献信息（10）：299 - 300.

吴良军, 杨洲, 洪添胜, 等 . 2012. 荔枝树枝力学特性的试验研究 [J]. 农业工程学报, 16：68 - 73.

肖乾, 徐红霞, 李清华, 等 . 2014. 考虑轮轴、盘轴过盈装配的车轴应力分析 [J]. 机械强度, 01：67 - 71.

修世超 . 2000. 过盈联结过盈量的计算与修正 [J]. 黄金学报, 02：111 - 113.

徐春国 . 2006. 轴类件的柔性辊轧成形理论及工艺研究 [D]. 北京：机械科学研究总院 .

徐中儒 . 1998. 回归分析与试验设计 [M]. 北京：中国农业出版社 .

杨善东，张东兴，刁培松，等 . 2015. 侧正压玉米排种器的设计与试验 [J]. 农业工程学报，31（1）：8 - 13.

杨天生 . 1986. 稻谷在胶辊间的受力和运动—胶辊砻谷机研究之一 [J]. 粮食与饲料工业，02：4 - 10.

叶全民，左月明 . 1994. 顶生小果实采集机的设计 [J]. 山西农业大学学报（03）：282 - 286，335.

余芳 . 2013. 基于 Abaqus 的手持式电动工具跌落仿真 [J]. 计算机辅助工程，S2：297 - 300.

张发年 . 2014. 猕猴桃无损采摘末端执行器的设计与研究 [D]. 杨凌：西北农林科技大学 .

张建水，殷玉枫，赵肖敏，等 . 基于 ANSYS 的轴套过盈配合接触分析 [J]. 机械设计，2014，05：21 - 25.

张金煜，代卧龙，姜道龙，等 . 2014. 高速动车组轮对压装过程的仿真与分析 [J]. 机械设计，04：76 - 80.

张凯鑫，张衍林，周波，等 . 2013. 果园运输机单轨道橡胶辊驱动装置驱动性能研究 [J]. 农业机械学报，44（增2）：111 - 116.

张梅，程相文 . 2009. 最大压力与辊隙对辊压机能耗的影响 [J]. 河北理工大学学报（自然科学版），31（3）：39 - 44.

张梅，程相文 . 2009. 最大压力与辊隙对辊压机能耗的影响 . [J]. 河北理工大学学报（自然科学版），31（3）：39 - 44.

张秀花，赵庆龙，赵玉达，等 . 2014. 对虾对辊挤压式剥壳工艺参数及预处理条件优化 [J]. 农业工程学报, 30 (7): 308-314.

张英, 胡春怡, 郑慕侨. 2004. 聚氨酯—橡胶组合挂胶负重轮有限元分析 [J]. 北京理工大学学报, 02: 101-103.

张永林, 易启伟, 余群, 等. 2008. 多联辊刀式莲子剥壳机的结构与工作原理 [J]. 农业工程学报, 24 (12): 76-79.

赵腾伦. 2007. ABAQUS6.6 在机械工程中的应用 [M]. 北京: 中国水利水电出版社.

郑晓. 1995. 胶辊接触应力及接触变形的分析与计算 [J]. 粮食与饲料工业, 02: 5-8.

周桂霞, 汪春, 张伟, 等. 2006. 基于二次正交旋转回归试验的深松铲关键参数建模 [J]. 农业机械学报, 10: 86-89.

朱立学, 罗锡文, 刘少达. 2008. 轧辊—轧板式银杏脱壳机的优化设计与试验 [J]. 农业工程学报, 24 (8): 139-142.

朱跃峰. 2015. 基于 ABAQUS 的显式动力学分析方法研究 [J]. 机械设计与制造, 2015, 03: 107-109, 113.

朱忠祥, 岳小微, 杜岳峰, 等. 2015. 玉米果穗剥皮的运动仿真与高速摄像试验 [J]. 农业工程学报, 31 (6): 42-48.

庄茁, 张帆, 岑松. 2005. ABAQUS 非线性有限元分析与实例 [M]. 北京: 科学出版社.

邹雨, 庄茁, 黄克智. 2004. 超弹性材料过盈配合的轴对称平面应力解答 [J]. 工程力学, 06: 72-75, 83.

Anderssen R S, Haraszi R. 2009. Characterizing and exploiting the rheology of wheat hardness [J]. European Food Research and Technology, 229 (1): 159 – 174.

Andrea Manuello Bertetto, Roberto Ricciu, Maria Grazia Badas. 2014. A mechanical saffron flower harvesting system [J]. Meccanica, 49 (12): 2 785 – 2 796.

Anil. Rajvanshi. 2005. Development of Safflower Petal Collector [J]. Nimbkar Agricultural Research Institute (NARI), 1 – 6.

Antonelli M G, Auriti L, Beomonte Zobel P, et al. 2011. Development of a new harvesting module for saffron flower detachment, The Romanian Review Precision Mechanics [J]. Optics & Mechatronics, 39: 163 – 168.

Clarke B, Rahman S. 2005. Microarray analysis of wheat grain hardness [J]. Theoretical and applied genetics, 110 (7): 1 259 – 1 267.

Filippo Gambella, Francesco Paschino, Andrea Manuello Bertetto, et al. 2013. Application of Mechanical Device and Airflow Systems in the Harvest and Separation of Saffron Flowers (Crocus sativus L.) [J]. Transactions of the ASABE, 56 (4): 1 259 – 1 265.

Ge Yun, Zhang Lixin, Jiao Xiaopan, et al. 2016. Design and experiment of roll-type safflower harvesting machinery [J]. International Agricultural Engineering Journal, 25 (4): 123 – 130.

Ge Yun, Zhang Lixin, Qian Ying, et al. 2016. Dynamic model for sucking process of pneumatic cutting-type safflower harvest device [J]. International Journal of Agricultural and Biological Engineering, 9 (5): 43 – 50.

Hayashi S, Shigematsu K, Yamamoto S, et al. 2010. Evaluation of a strawberry-harvesting robot in a field test [J]. Biosystems Engineering, 105 (2): 160 – 171.

Johanson J R. 1965. A rolling theory for granular solids [J]. Journal of Applied Mechanics, 32 (4): 842 – 848.

Karayel D. 2009. Performance of a modified precision vacuum seeder for no-till sowing of maize and soybean [J]. J Soil Till Res, 104: 121 – 125.

Liang Tung, Chou Jason. Ronald Knapp. 1998. Notching and Freezing effect on macadamia nut kernel Recovery [J]. Journal of Agricultural Engineering Research, 41 (10): 43 – 52

Menezes P L, Kailas S V, Lovell M R. 2011. Role of surface texture, roughness, and hardness on friction during uni-directional sliding [J]. Tribol Lett, 41 (1): 1 – 15.

Meng F, Davis T, Cao J, et al. 2010. Study on effect of dimpleson friction of parallel surfaces under different sliding conditions [J]. Appl Surf Sci, 256 (9): 2 863 – 2 875.

Mitsoulis E, Hatzikiriakos S G. 2009. Rolling of mozzarella cheese: Experiments and simulations [J]. Journal of Food Engineering, 91 (2): 269 – 279.

Ramesh A, Akram W, Mishra S P, et al. 2013. Friction charac-teristics of microtextured surfaces under mixed and hydrodynamic lubrication [J]. Tribol Int, 57: 170 – 176. 13.

Shahbazi F, Galedar M N, Taheri-Garavand A, et al. 2011. Physical properties of safflower stalk [J]. International Agrophysics, 25 (3): 281 – 286.

Sui R X, Thomasson J A, Filip To S D. 2010. Cotton-harvester-flow simulator for testing cotton yield monitors [J]. Int J Agric & Biol Eng, 3 (1): 44 – 49.

Viswanathan R, Pandiyarajan T, Varadaraju N. 1997. Physical and mechanical properties of tomato fruits as related to pulping [J]. Journal of Food Science and Technology, 34 (6): 537 −539.

Wang X, Liu W, Zhou F, et al. 2009. Preliminary investigation of the effect of dimple size on friction in line contacts [J]. Tri-bol Int, 42 (7): 1 118 −1 123.

Wheaton T A, Whitney J D, Castle W S, et al. 1977. Cross hedging tree removal and topping affect fruit yield and quality of citrus hedge rows [J]. Proc. Int. Soc. Citriculture: 109 −114.

Whitney J D, Hartmond U, Kender W J, et al. 2000. Orange Removal with Trunk Shakers and Abscission Chemicals [J]. Applied Engineering in Agriculture, 16 (4): 367 −371.

Whitney J D. 1984. Harves mechanization ofFlorida oranges destined for processing [J]. Amer. Soc. Aqr. Eng. Publ, 149 −156.

Yuankai Zhou, Hua Zhu, Wenqian Zhang. 2015. Influence of surface roughness on the friction property of textured surface [J]. Advances in Mechanical Engineering, 3: 1 −9.